国网冀北电力有限公司经济技术研究院　组编

国网冀北电力有限公司输变电工程通用设计
110~220kV 智能变电站模块化建设
施工图预算、工程量清单标准

吕科　主编

U0238612

中国水利水电出版社
www.waterpub.com.cn
·北京·

图书在版编目（CIP）数据

国网冀北电力有限公司输变电工程通用设计. 110～
220kV智能变电站模块化建设施工图预算、工程量清单标
准参考手册 / 吕科主编；国网冀北电力有限公司经济技
术研究院组编. -- 北京：中国水利水电出版社，
2022.11
　　ISBN 978-7-5226-1138-9

Ⅰ．①国… Ⅱ．①吕… ②国… Ⅲ．①智能系统－变
电所－电力工程－工程造价 Ⅳ．①TM63

中国版本图书馆CIP数据核字(2022)第228363号

书　　名	国网冀北电力有限公司输变电工程通用设计 110～220kV 智能变电站模块化建设施工图预算、工程量清单标准参考手册 GUOWANG JIBEI DIANLI YOUXIAN GONGSI SHUBIANDIAN GONGCHENG TONGYONG SHEJI 110～220kV ZHINENG BIANDIANZHAN MOKUAIHUA JIANSHE SHIGONG TU YUSUAN, GONGCHENG LIANG QINGDAN BIAOZHUN CANKAO SHOUCE
作　　者	国网冀北电力有限公司经济技术研究院　组编 吕科　主编
出版发行	中国水利水电出版社 （北京市海淀区玉渊潭南路 1 号 D 座　100038） 网址：www.waterpub.com.cn E-mail：sales@mwr.gov.cn 电话：(010) 68545888（营销中心）
经　　售	北京科水图书销售有限公司 电话：(010) 68545874、63202643 全国各地新华书店和相关出版物销售网点
排　　版	中国水利水电出版社微机排版中心
印　　刷	清淞永业（天津）印刷有限公司
规　　格	210mm×297mm　16 开本　5.75 印张　212 千字
版　　次	2022 年 11 月第 1 版　2022 年 11 月第 1 次印刷
印　　数	0001—1000 册
定　　价	**198.00 元**（附光盘 1 张）

本书编委会

主　编：吕　科

编写组：徐　畅　　郭金亮　　许　颖　　王守鹏　　李栋梁　　陈　蕾

　　　　赵旷怡　　石振江　　张　岩　　姜　宇　　张立斌　　郭　昊

　　　　夏永刚　　李　伟　　王永永　　穆怀天　　庞　旭　　徐雨生

　　　　赵福旺　　赵忠泽　　谢景海　　傅守强　　孙　密　　郭　嘉

　　　　苏东禹　　李晗宇　　田伟堃　　许　芳　　肖　巍　　韩　锐

　　　　运晨超

前　言

　　2018 年，基于国网智能变电站通用设计方案的基础，国网冀北电力有限公司选定 220kV A3-2 方案、110kV A3-2 方案和 110kV A3-3 方案三个方案作为变电站典型设计方案；2022 年，根据最新的国家标准、行业标准、国网企业标准以及冀北地区实际设计条件，修编"冀北通用设计方案施工图集"，形成"冀北公司 2022 版最新智能变电站模块化通用设计方案施工图集参考标准"。对应三个通用设计方案施工图，编制施工图预算及工程量清单参考标准，形成冀北公司 110kV～220kV 智能变电站模块化建设通用设计方案施工图预算、工程量清单标准参考手册，指导冀北变电工程建设管理过程投资控制。

编者

2022 年 10 月

目录

第四篇　智能变电站模块化建设施工图预算、工程量清单

第一篇

总　论

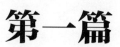

第1章
编制依据

本书设计标准、规程规范中凡是注日期的引用文件，其随后所有的修改单或修订版均不适用于本通用设计，然后鼓励根据本标准达成协议的各方研究是否可使用这些文件的最新版本。凡是不注日期的引用文件，其最新版本适用于本通用设计。

本书编制依据性文件及主要标准、规范主要如下：

1. 行业现行计量计价依据

(1) 国家能源局《电力建设工程预算定额（2018 年版）　第一册　建筑工程、第三册　电气设备安装工程、第五册　调试工程、第七册　通信工程》。

(2) 国家能源局《电力建设工程预算定额（2018 年版）使用指南　第一册　建筑工程、第三册电气设备安装工程、第五册　调试工程、第七册　通信工程》。

(3) 国家能源局《电网工程建设预算编制与计算规定（2018 年版）》。

(4) 国家能源局《电网工程建设预算编制与计算规定（2018 年版）使用指南》。

2. 国家电网有限公司有关工程造价管理方面的管理制度、文件及办法

(1) Q/GDW 11337—2014《输变电工程工程量清单计价规范》。

(2) Q/GDW 11338—2014《变电工程工程量清单计算规范》。

(3)《国家电网有限公司关于加强输变电工程施工图预算精准管控的意见》（国家电网基建〔2018〕1061 号）。

(4)《国家电网有限公司输变电工程施工图预算管理办法》（国家电网企管〔2019〕296 号）。

(5)《输变电工程施工图预算（综合单价法）编制规定》（国家电网企管〔2019〕698 号）。

3. 国网冀北电力有限公司有关文件

《国网冀北电力有限公司关于加强电网建设属地协调管理工作的意见》（冀北电建设〔2019〕358 号）。

第二篇

基础理论

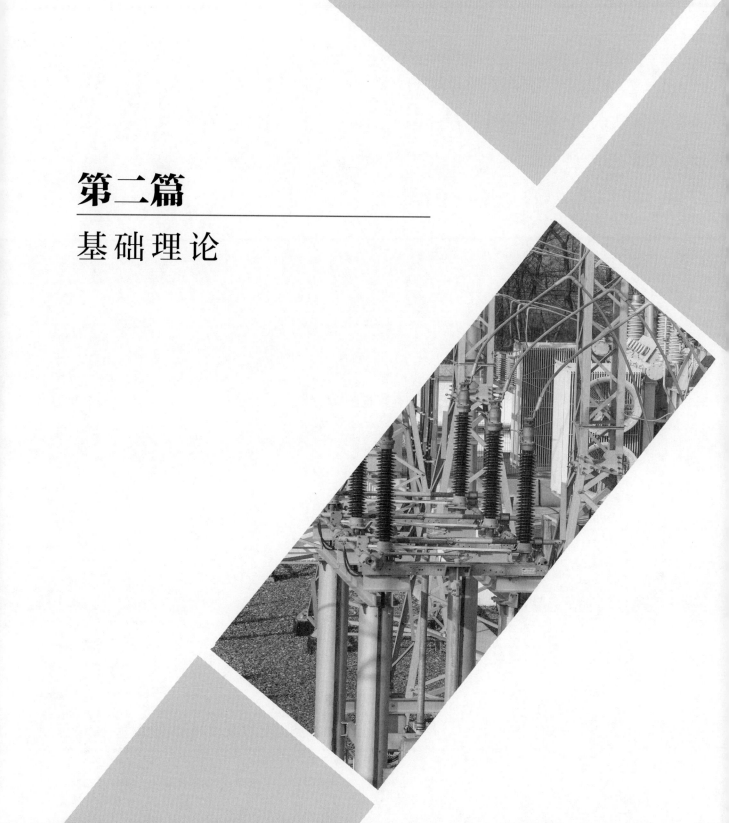

第 2 章
工程量清单

2.1 术语

2.1.1 工程量清单

工程量清单是指载明输变电工程的分部分项工程项目、措施项目和其他项目的名称和相应数量以及规费和税金项目等内容的明细清单。

2.1.2 招标工程量清单

招标工程量清单是指招标人依据国家标准、行业标准、招标文件、设计文件以及施工现场实际情况编制的，随招标文件发布供投标报价的工程量清单，包括说明和表格。

2.1.3 分部分项工程

分部分项工程由分部工程和分项工程组成。分部工程是单位工程的组成部分，是按工程部位和专业性质等的不同，将单位工程分解形成的工程项目单元；分项工程是分部工程的组成部分，是按不同施工方法、材料、工序及路径长度等将分部工程划分为若干个分项或项目的工程。

2.1.4 措施项目

措施项目是指为完成工程项目施工，发生于该工程施工准备和施工过程中的技术、生活、安全、环境保护等方面的非工程实体项目。

2.1.5 项目编码

项目编码是指分部分项工程和措施项目清单名称的英文字母和阿拉伯数字组合成的标识。

2.1.6 项目特征

项目特征是指构成分部分项工程项目、措施项目自身价值的本质特征。

2.1.7 工程量偏差

工程量偏差是指承包人按照合同工程的图纸（含经发包人批准由承包人提供的图纸）实施，按照《变电工程工程量计算规范》和《输电线路工程工程量计算规范》规定的工程量计算规则计算得到的完成合同工程项目应予计量的工程量与相应的招标工程量清单项目列出的工程量之间的量差。

2.1.8 暂列金额

暂列金额是指招标人在工程量清单中暂定并包括在合同价款中的一笔款项。用于工程合同签订时尚未确定或者不可预见的所需材料、工程设备、服务的采购，施工中可能发生的工程变更、合同约定调整因素出现时的合同价款调整以及发生的索赔、现场签证确认等的费用。

2.1.9　暂估价

暂估价是指招标人在工程量清单中提供的用于支付必然发生但暂时不能确定价格的材料、工程设备的单价以及专业工程的金额。

2.1.10　计日工

计日工是指在施工过程中，承包人完成发包人提出的施工图纸以外的零星项目或工作，按合同中约定的综合单价计价的一种方式。

2.1.11　施工总承包服务费

施工总承包服务费是指施工总承包人为配合协调发包人进行的专业工程发包以及施工现场管理、竣工资料汇总整理等服务所需的费用。

2.1.12　临时设施费

临时设施费是指施工企业为满足现场正常生产、生活需要，在现场必须搭设的生产、生活用临时建筑物、构筑物和其他临时设施所发生的费用，以及维修、拆除、折旧及摊销费，或临时设施的租赁费等。

2.1.13　安全文明施工费

安全文明施工费是指在合同履行过程中，承包人按照国家法律、法规、标准等规定，为保证安全施工、文明施工，保护现场内外环境等所采用的措施而发生的费用。

2.1.14　规费

规费是指根据国家法律、法规规定，由省级政府或省级有关权力部门规定施工企业必须缴纳的，应计入建筑安装工程造价的费用。

2.1.15　税金

税金是指国家税法规定的应计入建筑安装工程造价内的增值税、城市维护建设税、教育费附加和地方教育附加。

2.1.16　招标人

招标人是指具有工程发包主体资格和支付工程价款能力的当事人以及取得该当事人资格和合法继承人，有时又称发包人。

2.1.17　承包人

承包人是指被发包人接受的具有工程施工承包主体资格的当事人以及取得该当事人资格的合法继承人，有时又称投标人。

2.1.18　招标人供应材料

招标人供应材料称为甲供材料，有时又称为发包人采购材料。承包人应根据合同进度计划的安排，向招标人提交甲供材料交货的日期计划。招标人应按计划提供。

2.1.19　承包人采购设备（材料）

除合同约定的甲供材料外，承包人采购的材料和设备均由承包人负责采购、运输和保管。承包人应对其采购的材料和设备负责。

2.2 清单编制输入

（1）输变电工程工程量清单计价、计算电力行业标准、相关电网企业标准。

（2）国家或省级、行业建设主管部门颁发的计价依据和办法。

（3）电力建设工程设计文件及相关资料。

（4）与建设工程有关的标准、规范、技术资料。

（5）拟定的招标文件，招标期间的补充通知、答疑纪要等。

（6）拟定的招标文件，招标期间的补充通知、答疑纪要等。

（7）施工现场情况、地勘水文资料、工程特点及常规施工方案。

（8）其他相关资料。

2.3 清单输出内容及要求

2.3.1 清单总说明

（1）总说明应该包括工程概况、其他说明等内容。

（2）变电工程概况应包括工程性质、本期容量、规划容量、电气主接线、配电装置、补偿装置、设计单位、建设地点等内容。

（3）输电线路工程概况应包括工程性质、线路（电缆）亘长、回路数、起止塔（杆）号、设计气象条件、沿线地形比例、沿线地质条件、杆塔类型与数量、导线型号规格、（电缆型号规格）、地线型号规格、光缆型号规格、电缆敷设方式、设计单位、建设地点等内容。

（4）其他说明应包括工程招标和分包范围、招标工程量清单编制依据、交通运输情况、环境保护、文明施工、工程质量、工程材料和施工特殊要求以及其他需要说明的问题等内容。

2.3.2 分部分项工程项目

（1）分部分项工程量清单应载明项目编码、项目名称、项目特征、计量单位、工程量。

（2）分部分项工程量清单应根据规范规定的项目编码、项目名称、项目特征、计量单位和工程量计算规则进行编制。

（3）编制分部分项工程量清单出现规范中未包括的项目，编制人应作补充，并由招标人上报电力工程造价与定额管理总站或相关企业主管部门备案。

2.3.3 措施项目

（1）措施项目清单应根据规范的规定编制。

（2）措施项目清单应根据拟建工程的实际情况列项。若出现规范未列的项目，可根据工程实际情况补充。

2.3.4 其他项目

（1）其他项目清单宜按照下列内容列项：暂列金额、暂估价（包括材料、工程设备及专业工程暂估价）、计日工、施工总承包服务费、拆除工程费、招标人供应材料、设备卸车及保管费、施工企业配合调试费、建设场地征用及清理费。

（2）暂列金额应根据工程特点按有关计价规定估算。

（3）暂估价中，材料、工程设备暂估单价，应根据工程造价信息或参照市场价格估算，列出明细表；专业工程暂估价应分不同专业，按有关计价规定估算，列出明细表。

（4）计日工应列出项目名称、计量单位和暂定数量。

（5）施工总承包服务费应列出服务项目及其内容等。

（6）拆除工程费的清单按有关计价规定估算，列出明细表。

（7）出现规范未列的项目，可根据工程实际情况补充。

2.3.5　规费

（1）规费项目清单应按照下列内容列项：社会保险费（包括养老保险费、失业保险费、医疗保险费、生育保险费和工伤保险费）、住房公积金、危险作业意外伤害保险费。

（2）出现规范未列的项目，编制人可根据省级政府或省级有关部门的规定列项。

2.3.6　税金

（1）税金项目清单应包含下列内容：增值税、城市维护建设税、教育费附加、地方教育附加。

（2）出现规范未列的项目，应根据税务部门的规定列项。

第 3 章
施工图预算术语

3.1 一般术语

3.1.1 建设预算

建设预算是指以具体的建设工程项目为对象，依据不同阶段设计，根据《电网工程建设预算编制与计算规定（2018 年版）》（以下简称《预规》）及相应的估算指标、概算定额、预算定额等计价依据，对工程各项费用的预测和计算。在《预规》中，投资估算、初步设计概算和施工图预算统称为建设预算。说明：本书编制的预算参考标准为施工图预算。

3.1.2 建设预算文件

建设预算文件是指建设预算经具有相关专业资格人员根据建设预算编制办法进行编制，反映建设预算各项费用的计算过程和结果的技术经济文件。建设预算文件一般包括投资估算书、初步设计概算书和施工图预算书。

3.1.2.1 投资估算

投资估算是指以可行性研究文件、方案设计为依据，按照《预规》及估算指标或概算定额等计价依据，对拟建项目所需总投资及其构成进行的预测和计算。经具有相关专业资格人员根据建设预算编制办法进行编制，形成的技术经济文件为投资估算书。

3.1.2.2 初步设计概算

初步设计概算是指以初步设计文件为依据，按照《预规》及概算定额等计价依据，对建设项目总投资及其构成进行的预测和计算。经具有相关专业资格人员根据建设预算编制办法进行编制，形成的技术经济文件为初步设计概算书。

3.1.2.3 施工图预算

施工图预算是指以施工图设计文件为依据，按照《预规》及预算定额等计价依据，对工程项目的工程造价进行的预测和计算。经具有相关专业资格人员根据建设预算编制办法进行编制，形成的技术经济文件为施工图预算书。

3.1.3 工程结算

工程结算是指根据合同约定，对实施中、终止、竣工的工程项目，依据工程资料进行工程量计算和核定，对合同价款进行的计算、调整和确认。经具有相关专业资格人员根据合同和电力行业工程结算规定进行编制，形成的成品文件为工程结算书。

3.1.4 竣工决算

竣工决算是指建设工程项目完工交付之后，由项目建设单位根据有关规定，编制综合反映建设项目从筹建到竣工投产为止的全部建设费用、建设成果和财务状况总结性文件的过程。按照规定格式编制竣工决算，反映建设项目实际造价和投资效果的成品文件为竣工决算书。

3.2　建筑安装工程费术语

3.2.1　建筑工程

建筑工程是指构成建设项目的各类建筑物、构筑物等设施工程。

3.2.2　建筑工程费

建筑工程费是指对构成建设项目的各类建筑物、构筑物等设施工程进行施工，使之达到设计要求及功能所需要的费用。

3.2.3　安装工程

安装工程是指构成建设项目生产工艺系统的各类设备、管道、线缆及其辅助装置的组合、装配和调试工程。其中，调试工程是指工程设备（材料）在安装过程中及安装结束移交生产前，按设计和设备（材料）技术文件规定进行调整、整定和一系列试验、试运工作，包括单体调试、分系统调试、整套启动调试、特殊调试工程。

3.2.4　安装工程费

安装工程费是指对建设项目中构成生产工艺系统的各类设备、管道、线缆及其辅助装置进行组合、装配和调试，使之达到设计要求的功能指标所需要的费用。

3.2.5　建筑安装工程

建筑安装工程包括建筑工程和安装工程。

3.2.6　建筑安装工程费

建筑安装工程费包括建筑工程费和安装工程费，由直接费、间接费、利润和税金组成。

3.2.6.1　直接费

直接费是指施工过程中直接耗用于建筑、安装工程产品的各项费用的总和，包括直接工程费和措施费。

1. 直接工程费

直接工程费是指按照正常的施工条件，在施工过程中耗费的构成工程实体的各项费用。包括人工费、材料费和施工机械使用费。其中，人工费、材料费中已进入定额基价的消耗性材料费和施工机械使用费之和称为定额直接费。

（1）人工费。人工费是指支付给直接从事建筑安装工程施工作业的生产人员的各项费用，包括基本工资、工资性补贴、辅助工资、职工福利费、生产人员劳动保护费。

1）基本工资。基本工资是指根据国家相关规定计取的生产人员的岗位工资、岗位津（补）贴、技能工资、工龄工资和工龄补贴等，基本工资应按照规定的标准核定。

2）工资性补贴。工资性补贴是指按照规定标准发放的物价补贴，煤、燃气补贴，交通补贴，住房补贴，以及流动施工津贴等。

3）辅助工资。辅助工资是指生产人员年有效施工天数以外非作业天数的工资。包括职工学习、培训期间的工资，调动工作、探亲、休假期间的工资，因气候影响的停工工资，病假在6个月以内的工资，以及婚、丧假期间的工资。

4）职工福利费。职工福利费是指企业按照工资一定比例提取的专门用于职工福利性补助、补贴和其他福利事业的经费。如书报费、洗理费、取暖费等。

5）生产人员劳动保护费。生产人员劳动保护费是指按规定标准发放的劳动保护用品的购置费及修理费、服装补贴、防暑降温及保健费，在有碍身体健康环境中施工的防护费用等。

（2）材料费。材料费是指施工过程中耗费的主要材料、辅助材料、构配件、半成品、零星材料，以及施工过程中一次性消耗材料及摊销材料的费用。《预规》将材料划分为装置性（主要、未计价）材料和消耗性（辅助、计价）材料两大类，其价格均为预算价格。

1）材料预算价格。材料预算价格是工程所需材料在施工现场仓库或堆放地点的出库价格，包括材料原价（或供应价格）、材料运输费、保险保价费、运输损耗费、采购及保管费。

a. 材料原价（或供应价格）。材料原价（或供应价格）是指材料在供货地点的交货价格。

b. 材料运输费。材料运输费是指材料自供（交）货地点运至工地现场储存仓库或指定堆放地点所发生的运输、装卸费用。

c. 保险保价费。保险保价费是指按照国家行政主管部门有关规定，对交付运输的材料进行保价或向保险公司投保所发生的费用。

d. 运输损耗费。运输损耗费是指材料在运输、装卸过程中发生的不可避免的损耗费用。

e. 采购及保管费。采购及保管费是指在组织采购、供应和保管材料过程中所要的各项费用。包括材料采购费、供应服务费、仓储费、保管费以及仓储损耗等。

2）装置性材料。装置性材料是指建设工程中构成工艺系统实体的工艺性材料，也称主要材料。装置性材料通常在概算或预算定额中未计价，也称未计价材料。

3）消耗性材料。消耗性材料是指施工过程中所消耗的、在建设成品中不体现其原有形态的材料，以及因施工工艺及措施要求需要进行摊销的施工工艺材料，也称辅助材料。消耗性材料通常在概算或预算定额中已经计价，也称计价材料。

（3）施工机械使用费。施工机械使用费是指施工机械作业所发生的机械使用费以及机械的现场安拆费和场外运费。包括折旧费、检修费、维护费、安装及拆卸费、场外运费、操作人员人工费、燃料动力费、其他费等。

1）折旧费。折旧费是指施工机械在规定的耐用总台班内，陆续收回其原值的费用。

2）检修费。检修费是指施工机械在规定的耐用总台班内，按规定的检修间隔进行必要的检修，以恢复其正常功能所需的费用。

3）维护费。维护费是指施工机械在规定的耐用总台班内，按规定的维护间隔进行各级维护和临时故障排除所需的费用，包括为保障机械正常运转所需替换设备、零部件与随机配备工具附具的摊销费用、机械运转及日常维护所需润滑与擦拭的材料费用及机械停滞期间的维护费用等。

4）安装及拆卸费。安装及拆卸费是指施工机械在现场进行安装与拆卸所需的人工、材料、机械费用，试运转费用，以及辅助设施的折旧、搭设、拆除等费用。

5）场外运费。场外运费是指施工机械整体或分体自本项目停放地点运至施工现场或由本项目一施工地点运至另一施工地点所发生的运输、装卸、辅助材料及架线等费用。

6）操作人员人工费。操作人员人工费是指施工机械的操控人员的基本工资、工资性补贴、辅助工资、职工福利费、生产人员劳动保护费等。

7）燃料动力费。燃料动力费是指施工机械在运转作业中所消耗的固体燃料、液体燃料、气体燃料以及水、电等费用。

8）其他费。其他费是指施工机械按照国家规定应缴纳的车船税、保险费及检测费等。

2. 措施费

措施费是指为完成工程项目施工而进行施工准备、克服自然条件的不利影响和辅助施工所发生的不构成工程实体的各项费用，包括冬雨季施工增加费、夜间施工增加费、施工工具用具使用费、特殊地区施工增加费、临时设施费、施工机构迁移费、安全文明施工费。

（1）冬雨季施工增加费。冬雨季施工增加费是指按照合理的工期要求，建筑、安装工程必须在冬季、雨季期间连续施工而需要增加的费用，包括：在冬季施工期间，为确保工程质量而采取的养护、采暖措施所发生的费用；雨季施工期间，采取防雨、防潮措施所增加费用；因冬季、雨季施工增加施工工序、降低工效而发生的补偿费用。

（2）夜间施工增加费。夜间施工增加费是指按照规程要求，工程必须在夜间连续施工所发生的夜班补助、夜间施工降效、夜间施工照明设备摊销及照明用电等费用。

（3）施工工具用具使用费。施工工具用具使用费是指施工企业的生产、检验、试验部门使用的不属于固定资产的工具用具和仪器仪表的购置、摊销和维护费用。

（4）特殊地区施工增加费。特殊地区施工增加费是指在高海拔、酷热、严寒等地区施工，因特殊自然条件影响而需额外增加的施工费用。

（5）临时设施费。临时设施费是指施工企业为满足现场正常生产、生活需要，在现场必须搭设的生产、生活用临时建筑物、构筑物和其他临时设施所发生的费用，以及维修、拆除、折旧及摊销费，或临时设施的租赁费等。

临时设施包括：职工宿舍，办公、生活、文化、福利等公用房屋，仓库、加工厂、工棚、围墙等建、构筑物，站区围墙范围内的临时施工道路及水、电（含380V降压变压器）、通信的分支管线，以及建设期间的临时隔墙等。

临时设施不包括下列内容（已列入项目划分的临时工程部分）：①施工电源：施工、生活用380V变压器高压侧以外的装置及线路；②水源：场外供水管道及装置，水源泵房，施工、生活区供水母管；③施工道路：场外道路，施工、生活区的建筑、安装共用主干道路；④通信：场外接至施工、生活区总机的通信线路。

（6）施工机构迁移费。施工机构迁移费是指施工企业派遣施工队伍到所承建工程现场所发生的搬迁费用。包括职工调遣差旅费和调遣期间的工资，以及办公设备、工器具、家具、材料用品和施工机械等的搬迁费用。

（7）安全文明施工费。

1）安全生产费：施工企业专门用于完善和改进企业及项目安全生产条件的资金。

2）文明施工费：施工现场文明施工所需要的各项费用。

3）环境保护费：施工现场为达到环保部门要求所需要的各项费用。

3.2.6.2　间接费

间接费是指建筑安装工程的施工过程中，为全工程项目服务而不直接消耗在特定产品对象上的费用，包括规费、企业管理费和施工企业配合调试费。

1．规费

规费是指按照国家行政主管部门或省级政府和省级有关权力部门规定必须缴纳并计入建筑安装工程造价的费用，包括社会保险费和住房公积金。其他应列而未列入的规费，按实际发生计取。

（1）社会保险费。社会保险费包括养老保险费、失业保险费、医疗保险费、生育保险费和工伤保险费。

1）养老保险费。养老保险费是指企业按照规定标准为职工缴纳的基本养老保险费。

2）失业保险费。失业保险费是指企业按照规定标准为职工缴纳的失业保险费。

3）医疗保险费。医疗保险费是指企业按照规定标准为职工缴纳的基本医疗保险费。

4）生育保险费。生育保险费是指企业按照规定标准为职工缴纳的生育保险费。

5）工伤保险费。工伤保险费是指企业按照规定标准为职工缴纳的工伤保险费。

（2）住房公积金。住房公积金是指企业按照规定标准为职工缴纳的住房公积金。

2．企业管理费

企业管理费是指建筑安装施工企业为组织施工生产和经营管理所发生的费用，其费用内容包括：

（1）管理人员工资。包括管理人员的基本工资、工资性补贴、辅助工资、职工福利费、劳动保护费等。

（2）办公经费。企业管理办公用的文具、纸张、账表、印刷、邮电、通信、书报、会议、水电、燃气、集体取暖（包括现场临时宿舍取暖）、卫生保洁等费用。

（3）差旅交通费。职工因公出差、调动工作的差旅费和住勤补助费，市内交通费和误餐补助费，职工探亲路费，劳动力招募费，职工离退休、退职一次性路费，工伤人员就医路费，管理用交通工具的租赁或使用费等。

（4）固定资产使用费。管理和试验部门及附属生产单位使用的属于固定资产的房屋、设备仪器等的折旧、大修、维修或租赁费。

（5）工具用具使用费。管理机构和人员使用的不属于固定资产的办公家具、工器具、交通工具和检验、试验、测绘、消防用具等的购置、维修、维护和摊销费。

（6）劳动补贴费。由企业支付离退休职工的异地安家补助费、职工退职金，6个月以上的病假人员工资，按规定支付给离休干部的各项经费。

（7）工会经费。根据国家行政主管部门有关规定，企业按照职工工资总额计提的工会经费。

（8）职工教育经费。为保证职工学习先进技术和提高文化水平，根据国家行政主管部门有关规定，施工企业按照职工工资总额计提的职工教育培训费用。

（9）危险作业意外伤害保险费。按照建筑法规定，施工企业为从事危险作业的建筑安装施工人员缴纳的意外伤害保险费。

（10）财产保险费。施工管理用财产、车辆的保险费用。

（11）财务费。企业为施工生产筹集资金或提供预付款担保、履约担保、职工工资支付担保等所发生的各种费用。

（12）税金。企业按规定缴纳的城市维护建设税、教育费附加、地方教育附加、房产税、土地使用税、印花税、办公车辆的车船税费等。

（13）其他。投标费、技术开发费、技术转让费、广告费、公证费、法律顾问费、咨询费、业务招待费、建筑工程定点复测、施工期间沉降观测、施工期间工程二级测量网维护费，材料检验试验费，工程排污费，工程点交、施工场地清理，施工场地绿化、竣工清理及未移交的工程看护费等。

3. 施工企业配合调试费

施工企业配合调试费是指在工程整套启动试运阶段，施工企业安装专业配合调试所发生的费用。

3.2.6.3 利润

利润是指施工企业完成所承包工程获得的盈利。

3.2.6.4 税金

税金是指按照国家税法规定应计入建筑安装工程造价内的销项税额。

3.3 设备购置费术语

设备购置费是指为项目建设而购置或自制各种设备，并将设备运至施工现场指定位置所支出的费用。包括设备费和设备运杂费。

3.3.1 设备费

设备费是指按照设备供货价格购买设备所支付的费用（包括包装费）。自制设备按照以供货价格购买此设备计算。

3.3.2 设备运杂费

设备运杂费是指设备自供货地点（生产厂家、交货货栈或供货商的储备仓库）运至施工现场指定位置所发生的费用，包括设备的上站费、下站费、运输费、运输保险费、采购费、供应服务费、仓储费及保管费。

3.4　其他费用及基本预备费术语

3.4.1　其他费用

其他费用是指为完成工程项目建设所必需的，但不属于建筑工程费、安装工程费、设备购置费、基本预备费的其他相关费用。包括建设场地征用及清理费、项目建设管理费、项目建设技术服务费、生产准备费、大件运输措施费、专业爆破服务费等。

3.4.1.1　建设场地征用及清理费

建设场地征用及清理费是指为获得工程建设所必需的场地，并使之达到施工所需的正常条件和环境而发生的有关费用。包括土地征用费、施工场地租用费、迁移补偿费、余物清理费、输电线路走廊清理费、输电线路跨越补偿费、通信设施防输电线路干扰措施费、水土保持补偿费。

1. 土地征用费

土地征用费是指按照《中华人民共和国土地管理法》及相关规定，建设项目法人单位为取得工程建设用地使用权而支付的费用，包括土地补偿费、塔基占地费、安置补助费、耕地开垦费、勘测定界费、征地管理费、证书费、手续费以及各种基金和税金等。

2. 施工场地租用费

施工场地租用费是指为保证工程建设期间的正常施工，需临时占用或租用场地所发生的费用，包括占用补偿、场地租金、场地清理、复垦费和植被恢复等费用。

3. 迁移补偿费

迁移补偿费是指为满足工程建设需要，对所征用土地范围内的机关、企业、住户及有关建筑物、构筑物、电力线、通信线、铁路、公路、沟渠、管道、坟墓、林木等进行迁移所发生的补偿费用。

4. 余物清理费

余物清理费是指为满足工程建设需要，对所征用土地范围内遗留的建筑物、构筑物等有碍工程建设的设施进行拆除、清理所发生的各种费用。

5. 输电线路走廊清理费

输电线路走廊清理费是指按照输电线路建设规程、规范的要求，对线路走廊内非征用和租用土地上的建筑物、构筑物、林木、经济作物等进行清理、赔偿所发生的费用。

6. 输电线路跨越补偿费

输电线路跨越补偿费是指为满足工程建设需要，需对拟建输电线路走廊内的公路、铁路、重要输电线路、通航河流等进行跨越施工所发生的补偿费用。

7. 通信设施防输电线路干扰措施费

通信设施防输电线路干扰措施费是指拟建输电线路与现有通信线路交叉或平行时，为消除干扰影响，对通信线路进行迁移或加装保护设施所发生的费用。

8. 水土保持补偿费

水土保持补偿费是指开办生产建设项目的单位，按照《中华人民共和国水土保持法》、财政部国家发展改革委水利部中国人民银行印发《水土保持补偿费征收使用管理办法》（财综〔2014〕8 号）等有关规定应缴纳的专项用于水土流失预防和治理的水土保持补偿费用。

3.4.1.2　项目建设管理费

项目建设管理费是指建设项目经有关政府行政主管部门核准后，自核准至竣工验收合格并移交生产的合理建设期内对工程进行组织、管理、协调、监督等工作所发生的费用。包括项目法人管理费、招标费、工程监理费、设备材料监造费、施工过程造价咨询及竣工结算审核费、工程保险费。

1. 项目法人管理费

项目法人管理费是指项目管理机构在项目管理工作中发生的机构开办费及日常管理性费用，其内容包括：

（1）项目管理机构开办费，包括相关手续的申办费，项目管理人员临时办公场所建设、维护、拆除、清理或租赁费用，必要办公家具、生活家具、办公用品和交通工具的购置或租赁费用。

（2）项目管理工作经费，包括工作人员的基本工资、工资性补贴、辅助工资、职工福利费、劳动保护费、社会保险费、住房公积金；采暖及防暑降温费、日常办公费用、差旅交通费、技术图书资料费、教育及工会经费；固定资产使用费、工具用具使用费、水电费；工程档案管理费；合同订立与公证费、法律顾问费、咨询费、工程信息化管理费、工程审计费；工程会议费、业务接待费；消防治安费，设备材料的催交、验货费，印花税、房产税、车船税费、车辆保险费；建设项目劳动安全验收评价费、工程竣工交付使用的清理费及验收费等。

2. 招标费

招标费是指按招投标法及有关规定开展招标工作，自行组织或委托具有资格的机构编制审查技术规范书、最高投标限价、标底、工程量清单等招标文件的前置文件，以及委托招标代理机构进行招标所需要的费用。

3. 工程监理费

工程监理费是指依据国家有关规定和规程规范要求，项目法人委托工程监理机构对建设项目全过程实施监理所支付的费用，包括环境监理和水土保持监理所发生的费用。

4. 设备材料监造费

设备材料监造费是为保证工程建设所需设备材料的质量，按照国家行政主管部门颁布的设备材料监造（监制）管理办法的要求，项目法人或委托具有相关资质的机构在主要设备材料的制造、生产期间对原材料质量以及生产、检验环节进行必要的见证、监督所发生的费用。

5. 施工过程造价咨询及竣工结算审核费

施工过程造价咨询及竣工结算审核费是指依据国家有关法律、法规，根据工程合同和建设资料，项目法人单位组织工程 造价专业人员或委托具有相关资质的咨询机构，自工程开工至竣工开展的施工过程造价咨询以及工程竣工结算审核所发生的费用。

6. 工程保险费

工程保险费是指项目法人对项目建设过程中可能造成工程财产、安全等直接或间接损失的要素进行保险所支付的费用。

3.4.1.3 项目建设技术服务费

项目建设技术服务费是指委托具有相关资质的机构或企业为工程建设提供技术服务和技术支持所发生的费用。包括项目前期工作费、知识产权转让费与研究试验费、勘察设计费、设计文件评审费、项目后评价费、工程建设检测费、电力工程技术经济标准编制费等。

1. 项目前期工作费

项目前期工作费是指项目法人在前期阶段进行分析论证、预可行性研究、可行性研究、规划选址或选线、方案设计、评审评价，取得政府行政主管部门核准所发生的费用，以及项目核准后尚未完成的项目前期工作费用。包括进行项目可行性研究、规划选址论证、用地预审论证、环境影响评价、劳动安全卫生预评价、地质灾害评价、地震灾害评价、水土保持方案编审、矿产压覆评估、林业规划勘测、文物普查、社会稳定风险评估、生态环境专题评估、防洪影响评价、航道通航条件评估等各项工作所发生的费用，分摊在本工程中的电力系统规划设计咨询费与文件评审费，以及开展项目前期工作所发生的管理费用等。

2. 知识产权转让费与研究试验费

知识产权转让费是指项目法人在本工程中使用专项研究成果、先进技术所支付的一次性转让费用；研究试验费是指为本建设项目提供或验证设计数据进行必要的研究试验所发生的费用，以及设计规定的施工过程中必须进行的研究试验所发生的费用，但不包括以下费用：

（1）应该由科技三项费用（即新产品试制费、中间试验费和重要科学研究补助费）开支的项目。

（2）应该由管理费开支的鉴定、检查和试验费。

（3）应该由勘察设计费开支的项目。

3. 勘察设计费

勘察设计费是指对工程建设项目进行勘察设计所发生的费用，包括项目的各项勘探、勘察费用，初步设计费、施工图设计费、竣工图文件编制费，施工图预算编制费，以及设计代表的现场技术服务费。按其内容分为勘察费和设计费。

（1）勘察费。勘察费是指项目法人委托有资质的勘察机构按照勘察设计规范要求，对项目进行工程勘察作业以及编制相关勘察文件和岩土工程设计文件等所支付的费用。

（2）设计费。设计费是指项目法人委托有资质的设计机构按照工程设计规范要求，编制建设项目初步设计文件、施工图设计文件、施工图预算、非标准设备设计文件、竣工图文件等，以及设计代表进行现场技术服务所支付的费用。

1）基本设计费。基本设计费是指根据国家行政主管部门的有关规定，设计单位提供编制初步设计文件、施工图设计文件，并提供设计技术交底、解决施工中的设计技术问题、参加试运考核和竣工验收等服务所收取的费用。

2）其他设计费。其他设计费是指根据工程设计实际需要，项目法人单位委托承担工程基本设计的设计单位或具有相关资质的咨询企业，提供基本设计以外的相关服务所发生的费用。包括总体设计、主体设计协调、采用标准设计和复用设计、非标准设备设计文件编制、施工图预算编制、竣工图文件编制，以及安全稳定控制系统工程专题研究费与评审费等。

4. 设计文件评审费

设计文件评审费是指项目法人根据国家及行业有关规定，对工程项目的设计文件进行评审所发生的费用。包括可行性研究文件评审费、初步设计文件评审费、施工图文件评审费。

（1）可行性研究文件评审费。可行性研究文件评审费是指项目法人委托有资质的评审机构，依据法律、法规和相关规定，从政策、规划、技术和经济等方面对工程项目的必要性和可行性进行全面评审并提出可行性评审报告所发生的费用。

（2）初步设计文件评审费。初步设计文件评审费是指项目法人委托有资质的咨询机构依据法律、法规和相关标准，对初步设计方案的安全性、可靠性、先进性和经济性进行全面评审并提出评审报告所发生的费用。

（3）施工图文件评审费。施工图文件评审费是指项目法人委托有资质的咨询机构依据有关法律、法规和标准，对施工图涉及公共利益、公众安全和工程建设强制性标准的内容进行审查，以及对初步设计原则落实情况、项目法人相关规定执行情况、施工图图纸检查、施工图预算文件等方面进行评审并提出评审报告所发生的费用。

5. 项目后评价费

项目后评价费是指根据国家行政主管部门的有关规定，项目法人为了对项目决策提供科学、可靠的依据，指导、改进项目管理，提高投资效益，同时为投资决策提供参考依据，完善相关政策，在建设项目竣工交付生产一段时间后，对项目立项决策、实施准备、建设实施和生产运营全过程的技术经济水平和产生的相关效益、效果、影响等进行系统性评价所支出的费用。

6. 工程建设检测费

工程建设检测费是指根据国家行政主管部门及电力行业的有关规定，对工程质量、环境保护、水土保持、特种设备（消防、电梯、压力容器等）安装进行监测、检验、检测所发生的费用。包括电力工程质量检测费、特种设备安全监测费、环境监测及环境保护验收费、水土保持监测及验收费、桩基检测费等。

（1）电力工程质量检测费。电力工程质量检测费是指根据电力行业有关规定，由国家行政主管部门授权的电力工程质量监督检测机构对工程建设质量进行抽查验证和质量检测、检验所发生的费用。

（2）特种设备安全监测费。特种设备安全监测费是指根据国务院《特种设备安全监察条例》（2003年国务院令第373号，2009年修订）规定，委托特种设备检验检测机构对工程所安装的特种设备（包括消防、电梯、压力容器等）进行检验、检测所发生的费用。

（3）环境监测及环境保护验收费。环境监测及环境保护验收费是指依据环境保护有关法律、法规、规章、标准和规范性文件，以及环境影响报告书等，对环境进行监测、分析和评价，以及对项目配套的环境保护设施、措施进行验收，编制监测及验收报告，公开相关信息所发生的费用。

（4）水土保持监测及验收费。水土保持监测及验收费是指依据水土保持有关法律、法规、规章、标准和规范性文件，以及水土保持方案等，对建设项目扰动土地情况、取土（石、料）弃土（石渣）情况、水土流失情况进行监测，以及对建设项目水土保持设施、措施进行验收，编制监测及验收报告，公开相关信息所发生的费用。

（5）桩基检测费。桩基检测费是指项目法人根据工程需要，对特殊地质条件下使用的桩基进行检测所发生的费用。

7. 电力工程技术经济标准编制费

电力工程技术经济标准编制费是指根据国家行政主管部门授权编制电力工程计价依据、标准、规范和规程等所发生的费用。

3.4.1.4 生产准备费

生产准备费是指为保证工程竣工验收合格后能够正常投产运行提供技术保证和资源配备所发生的费用。包括管理车辆购置费、工器具及办公家具购置费、生产职工培训及提前进场费。

1. 管理车辆购置费

管理车辆购置费是指生产运行单位进行生产管理必须配备车辆的购置费用，费用内容包括车辆原价、购置税费、运杂费、车辆附加费等。

2. 工器具及办公家具购置费

工器具及办公家具购置费是指为满足电力工程投产初期生产、生活和管理需要，购置必要的家具、用具、标志牌、警示牌、标示桩等发生的费用。

3. 生产职工培训及提前进场费

生产职工培训及提前进场费是指为保证电力工程正常投产运行，对生产和管理人员进行培训以及提前进场进行生产准备所发生的费用，其内容包括培训人员和提前进场人员的培训费、基本工资、工资性补贴、辅助工资、职工福利费、劳动保护费、社会保险费、住房公积金、差旅费、资料费、书报费、取暖费、教育经费和工会经费等。

3.4.1.5 大件运输措施费

大件运输措施费是指超限的大型电力设备在运输过程中发生的路、桥加固、改造，以及障碍物迁移等措施的费用。

3.4.1.6 专业爆破服务费

依据《民用爆炸物品安全管理条例》（2006年国务院令第466号，2014年7月29日修订）的规定使用民用爆炸物品时所发生的专业性服务费用。包括办理爆破审批、评估，爆破物品运输及管理，爆破安全措施以及爆破安全监理等所发生的费用。

3.4.2 基本预备费

基本预备费是指因为设计变更（含施工过程中工程量增减、设备改型、材料代用）增加的费用、一般自然灾害可能造成的损失和预防自然灾害所采取的临时措施费用，以及其他不确定因素可能造成的损失而预留的工程建设资金。

3.5 动态费用术语

动态费用是指对构成工程造价的各要素在建设预算编制基准期至竣工验收期间，因时间和市场价格变化而引起价格增长和资金成本增加所发生的费用，主要包括价差预备费和建设期贷款利息。

3.5.1　价差预备费

价差预备费是指建设工程项目在建设期间由于价格等变化引起工程造价变化的预测预留费用。

3.5.2　建设期贷款利息

建设期贷款利息是指项目法人筹措债务资金时，在建设期内发生并按照规定允许在投产后计入固定资产原值的利息。

3.6　工程项目划分术语

3.6.1　变电站

变电站是指用于将电能进行汇集、变压和分配的站点，一般由变压器、变电装置、控制保护设备和相关线缆组成。

3.6.2　开关站

开关站是指只具备接通、开断功能的站点，主要起电能的转输和分配作用。开关站内没有主变压器，只设置开断和控制保护装置，一般是将进线根据需要分成几路馈出。

3.6.3　换流站

换流站是指高压直流输电系统中实现电力传输方式交、直流变换的电力设施站点。

3.6.4　串联补偿站

串联补偿站是指独立建设的用于提高远距离输电系统传输容量、改善系统稳定性，在输电线路中串联电容器或电抗器进行无功补偿的电力设施站点。

3.6.5　输电线路

输电线路是指连接发电厂、变电站（或换流站）以及电力用户，以实现电力远距离输送的电力设施。按照结构形式，输电线路分为架空输电线路和电缆输电线路。

3.6.6　架空输电线路

架空输电线路是指以裸导线或绝缘电线为电能输送载体，以杆、塔为主要支撑，露天空中架设的输电线路，也称为架空线路。

3.6.7　电缆输电线路

电缆输电线路是指以电力电缆为电能输送载体，直埋于地下或布置在地下沟道、隧道内的陆上电缆和敷设在海底的海底电缆用以连接变电站、开关站和用户的输电线路，也称为电缆线路。

3.6.8　通信工程

通信工程是指为满足电力系统运行、维修和管理的需要而建设的信息传输与交换设施。电力通信主要有光通信、微波通信和载波通信。

3.6.9　通信站

通信站是指独立建设的用于电力通信工程的通信设施站点。

3.6.10 光缆线路

光缆线路是指用于电力通信工程的由光缆组成的通道。电力系统常用的有 OPGW（光纤复合架空地线）、ADSS（全介质自承式光缆）以及非金属管道光缆等。

3.6.11 安全稳定控制系统

安全稳定控制系统是由两个及以上厂站的安全稳定装置通过通信设备联络构成的，具备切机、切负荷、紧急调制直流功率等功能的系统，是确保电力系统安全稳定的第二道、第三道防线。

3.7 其他术语

3.7.1 项目建设总费用

项目建设总费用是指形成整个工程项目的各项费用总和。

3.7.2 建设预算编制基准期

建设预算编制基准期是指建设预算编制时的基准日历时点，在确定建设预算编制基准期时，一般可将时点确定为年、半年、季或月。

3.7.3 建设预算编制基准期价格水平

建设预算编制基准期价格水平也称为"基期价格水平"，是指建设预算编制基准期工程所在地的市场价格水平。建设预算编制基准期价格水平按照电力行业定额（造价）管理机构的规定执行。

3.7.4 编制基准期价差

编制基准期价差是指建设预算编制基准期价格水平与电力行业定额（造价）管理机构规定的取费价格之间的差额。编制基准期价差主要包括人工费价差、材料价差、施工机械使用费价差。

3.7.5 特殊项目

特殊项目是指工程项目划分中未包含且无法增列，或定额未包含且无法补充，或取费中未包含而实际工程必须存在的项目及费用。

第4章
施工图预算编制

4.1 施工图预算编制输入

（1）《电力建设工程预算定额（2018 年版）》及配套定额使用指南、《电网工程建设预算编制与计算规定（2018 年版）》及配套使用指南等电力行业标准、相关电网企业标准。

（2）国家或省级、行业建设主管部门颁发的计价依据和办法。

（3）电力建设工程设计文件、施工图及相关资料。

（4）与建设工程有关的标准、规范、技术资料。

（5）拟定的招标文件，招标期间的补充通知、答疑纪要对施工图设计的影响等。

（6）施工现场情况、地勘水文资料、工程特点及常规施工方案。

（7）其他相关资料。

4.2 预算输出内容及要求

4.2.1 项目建设总费用

项目建设总费用由建筑工程费、安装工程费、设备购置费、其他费用、基本预备费和动态费用构成。其中，建筑工程费、安装工程费、设备购置费、其他费用、基本预备费之和称为静态投资。

4.2.2 建筑工程费、安装工程费

4.2.2.1 直接费

1. 直接工程费

（1）人工费。

（2）材料费。

（3）施工机械使用费。

2. 措施费

（1）冬雨季施工增加费。

（2）夜间施工增加费。

（3）施工工具用具使用费。

（4）特殊地区施工增加费。

（5）临时设施费。

（6）施工机构迁移费。

（7）安全文明施工费。

4.2.2.2 间接费

1. 规费

（1）社会保险费。

（2）住房公积金。

2. 企业管理费

3. 施工企业配合调试费

4.2.2.3 利润

4.2.2.4 大型土石方综合费率

4.2.2.5 编制基准期价差

4.2.2.6 税金

4.2.3 设备购置费

4.2.3.1 设备费

4.2.3.2 设备运杂费

4.2.4 其他费用

4.2.4.1 建设场地征用及清理费

1. 土地征用费

2. 施工场地租用费

3. 迁移补偿费

4. 余物清理费

5. 输电线路走廊清理费

6. 输电线路跨越补偿费

7. 通信设施防输电线路干扰措施费

8. 水土保持补偿费

4.2.4.2 项目建设管理费

1. 项目法人管理费

2. 招标费

3. 工程监理费

4. 设备材料监造费

5. 施工过程造价咨询及竣工结算审核费

6. 工程保险费

4.2.4.3 项目建设技术服务费

1. 项目前期工作费

2. 知识产权转让与研究试验费

3. 勘察设计费

(1) 勘察费。

(2) 设计费。

4. 设计文件评审费

(1) 可行性研究文件评审费。

(2) 初步设计文件评审费。

(3) 施工图文件评审费。

5. 项目后评价费

6. 工程建设检测费

(1) 电力工程质量检测费。

(2) 特种设备安全监测费。

(3) 环境监测及环境保护验收费。

(4) 水土保持监测及验收费。

（5）桩基检测费。

7. 电力工程技术经济标准编制费

4.2.4.4　生产准备费

1. 管理车辆购置费

2. 工器具及办公家具购置费

3. 生产职工培训及提前进场费

4.2.4.5　大件运输措施费

4.2.4.6　专业爆破服务费

4.2.5　基本预备费

4.2.6　动态费用

4.2.6.1　价差预备费

4.2.6.2　建设期贷款利息

第三篇

编制注意事项

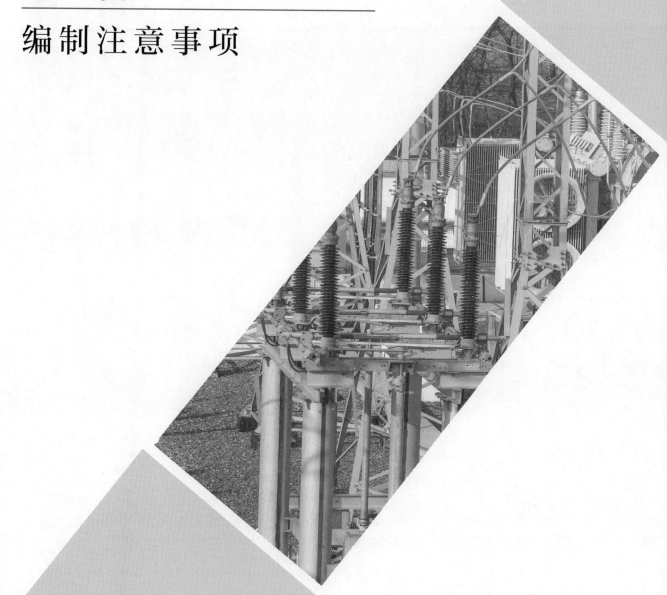

第 5 章
输变电工程施工招标工程量清单

为进一步规范输变电工程施工招标管理、加强工程投资控制，合理、准确编制招标工程量清单，本章明确编制重点注意事项。

5.1 文件封面

（1）工程名称：与初步设计批复文件或初步设计评审意见中输变电工程子项工程名称保持一致。

（2）各单位盖章及法定代表人或其授权人签字，加盖编制人、复核人执业专用章，编制时间及复核时间早于招标需求提报日期。

5.2 编制总说明

1. 工程概况

此项内容应按照施工图设计文件填写完整，不得为空。变电工程概况至少应包括工程建设性质、本期容量、规划容量、电气主接线、配电装置、补偿装置。线路工程概况至少应包括工程建设性质、线路（电缆）亘长、回路数、起止塔（杆）号、杆塔类型与数量、导线型号规格（电缆型号规格）、地线型号规格、光缆型号规格、电缆敷设方式等内容。

2. 其他说明（包括但不限于）

（1）编制依据：Q/GDW 11337—2014《输变电工程工程量清单计价规范》、Q/GDW 11338—2014《变电工程工程量清单计算规范》、施工图设计文件及勘察设计文件、工程招标文件。

（2）本工程量清单中所列项目按 Q/GDW 11338—2014《变电工程工程量清单计算规范》中工程量计算规则计算。

（3）投标人采购材料（设备）表、招标人采购设备（材料）表中的量与分部分项工程量清单中的量不符时均以分部分项工程量清单中的量为准。投标人不可自行更改招标文件中招标人采购设备（材料）表相关内容。

（4）建设场地征用及清理费按照《国网冀北电力有限公司关于加强电网建设属地协调管理工作的意见》（冀北电建设〔2019〕358 号）划分。投标人在属地公司协助下开展施工临时占地赔偿工作，负责施工道路、（塔基、组塔、架线）各阶段的相关施工场地的占用、施工项目部、材料站的临时租用。

（5）临时设施费、安全文明施工费、规费、税金为不可竞争费用。

（6）招标人采购设备（材料）表中单价为含税价，不计入相应项目的综合单价，仅作为相关费用的计取基数。

（7）卸车保管费由投标人按照工程量清单《招标人采购材料（设备）清单》中计列的材料（设备）价格自行报价，费用包干，结算时不调整。

（8）招标代理费由投标单位自行报价，结算不予调整。

（9）各项清单的运输距离、装卸运输所需费用投标人根据现场实际综合考虑并计入相应投标报价的综合单价中。

（10）措施项目清单中的内容依据招标文件、设计图纸、招标人提供的现场资料、投标人编制的施工组织设计及自身能力补充完善，确定合理报价，投标人不报或少报均视为已含在其投标报价总价中或对招标人的优惠中。现场人员管理系统包含在安全文明施工费中，不单独计列此项费用。

（11）设计图纸中未明确，但省市、行业、公司有关文件规定了施工工艺要求所必须实施的工作内容，投标人应在投标综合单价中综合考虑相应费用。

（12）综合单价应包含 Q/GDW 11337—2014《输变电工程工程量清单计价规范》中该类工程项目划分表相关清单的全部工作内容，清单单独列项的除外。

（13）投标人在确定工程量清单中的每一项综合单价时，均应结合招标文件、技术规范、设计施工图纸和现场勘察情况确定，清单中明确了有关标准图集的，以标准图集做法为准，投标综合单价应包含标准图集做法中所有工作内容。

（14）对拟建输电线路走廊内的公路、铁路、重要输电线路、通航河流等进行跨越施工时，应明确输电线路跨越补偿工作及相关费用由属地公司负责还是由施工单位负责。

5.3 分部分项工程量清单

1. 主要注意事项

应严格执行 Q/GDW 11337—2014《输变电工程工程量清单计价规范》，序号、项目编码、项目名称、项目特征、计量单位、工程量等内容必须填写完整，不得缺项。

（1）项目编码：前九位码为固定统一编码，不得更改，最后三位编码应自"001"起根据项目特征顺序编码。

（2）项目名称：应按照 Q/GDW 11337—2014《输变电工程工程量清单计价规范》规定的相应项目名称编写。

（3）项目特征：要进行规范、简洁、准确、全面的描述，要确保能够准确进行计价。必须描述的内容包括涉及正确计量的内容、涉及结构要求的内容及涉及材质要求的内容。描述中不得出现"自行测算"等字样。

（4）计量单位：应按照 Q/GDW 11337—2014《输变电工程工程量清单计价规范》中相应项目的计量单位编写。如遇到两个及以上计量单位的，应根据规范中规定的特征描述并结合拟建工程项目的实际情况选定合适的计量单位。

（5）工程量：应按照规范中工程量计算规则确定，且应注意不同计量单位的小数有效位数规定。

（6）备注：不得出现"投标人自行测算"等字样。

2. 其他注意事项

（1）站区场地平整清单项：

1）±300mm 以内的清单项列场地平整以平方米计列。

2）±300mm 以外的挖土应计列挖土方。

3）±300mm 以外的填土应计列填土方。

4）是否需要计列购土事项。

5）需清除表面腐殖土的，应计列挖腐殖土。

（2）智能辅助控制系统、监控系统软件扩容升级等应清晰描述工作内容划分，在备注中注明施工单位配合厂家施工。

（3）项目特征应明确防腐材料名称及厚度，明确各项添加剂名称及比例。

（4）防火墙和围墙应描述具体的施工工艺，其基础部分应按照清单规定单独列项。

（5）电缆槽盒清单应注明材质、规格。

（6）设备引下线清单单独列项，在备注中注明设备安装不含引下线安装费用。

（7）悬吊式管型母线应明确悬吊绝缘子串等材料。

(8) 主控楼女儿墙清单项应核实是否丢项。

(9) 电力电缆试验的清单项应核实是否丢项。

(10) 火灾报警系统的埋管和布线清单项应核实是否丢项。

(11) 应注意电缆沟截面尺寸的准确性，电缆沟盖板清单项应核实是否丢项。

(12) 线路工程光缆架设项目清单应明确光缆接续工作内容。

(13) 自立塔组立项目清单应明确塔全高、每米单重等主要特征描述。

(14) 核实环保、水保方案要求的余土外运、护坡、挡土墙等措施是否落实。

(15) 线路光缆工程架设工程量应为线路亘长。

(16) 掏挖基础护壁形状为梯形时，挖孔基础混凝土量计算原则应按含护壁厚度的圆柱体积减护壁工程量计算。

(17) 给排水、采暖、通风及空调、照明及接地的工程量应以建筑物面积计算。如在计算给排水费用中，应以整个建筑的面积计入费用，不应以卫生间的面积计算。

5.4 措施项目清单

措施项目清单应根据 Q/GDW 11337—2014《输变电工程工程量清单计价规范》及计算规范、结合工程实际情况在措施项目清单中列项，招标工程量清单中项目特征应描述清晰。

(1) 措施项目清单（一）中安全文明施工费、临时设施费作为不可竞争费用，其费率应按《电网工程建设预算编制与计算规定（2018 年版）》中规定的费率在备注栏填写完整。

(2) 施工降水、基坑支护、道路修筑等在措施项目清单（二）中设置清单项目，编制时应按照施工图设计文件中施工方案计列，应明确相应工程量。若因特殊情况无法提供工程量的，应明确描述工作内容及具体要求。

(3) 变电站建筑工程中脚手架搭拆、垂直运输不再包含在分部分项工程量清单工作内容内，在措施项目清单（二）中设置清单项目。

5.5 其他项目清单

(1) 暂列金额：按照招标控制价分部分项工程费的 5% 计算，需填写具体金额，保留整数。

(2) 暂估价：按照工程实际需要编制。材料、工程设备暂估单价应注明名称、规格、型号、单位、单价等信息，单价应按照工程造价管理机构发布的工程造价信息或参考市场价格确定。专业工程暂估价应注明名称、工作内容、金额等信息，且金额应包括除税金以外的所有费用（含利润）。

(3) 计日工：按照工程实际需要编制，一般不填写数据。

(4) 施工总承包服务项目：按照工程实际需要编制，一般不填写数据。

(5) 拆除工程项目清单：按照工程实际需要编制，项目特征、计量单位、工程量应与分部分项工程量清单保持一致。委托施工单位施工的旧有电力设施拆除等项目，根据规范编制拆除工程项目清单，招标工程量清单中项目特征描述清晰。

(6) 招标人供应设备、材料卸车保管费：仅列项，不填写金额。

(7) 施工企业配合调试费：仅列项，不填写金额。

(8) 建设场地征用及清理费：明确工作内容，青苗赔偿类应在备注列明确主要工作量，不填写金额。材料站租赁数量根据现场实际情况确定。

(9) 现场人员管理系统：不列项，相关费用由安全文明施工费解决。

(10) 招标代理服务费：仅列项，不填写金额。

(11) 由施工单位负责的输电线路走廊内公路、铁路、重要输电线路、通航河流等跨越补偿以项为单位列入，仅列项，不填写金额。

（12）变电工程"余方弃置"清单项目运距：建设管理单位可根据工程情况、政府环保要求明确描述，也可由投标人根据工程情况自行考虑。

5.6 规费项目清单

规费为不可竞争费用，各项费用取费费率应按照工程所在地政府部门发布的费率确定，在清单备注列标明各规费费率。

5.7 投标人采购材料（设备）表

投标人采购材料（设备）表须明确对规格、质量等有要求的材料，以及需要投标人采购的相关设备，要详细列出材料（设备）名称、型号规格、计量单位和数量，在备注列标明是否含损耗量。不允许出现材料（设备）表中数量为"0"或空、具体数量详见工程量清单等字样。

5.8 招标人采购设备（材料）表

招标人采购设备（材料）表应根据工程具体情况，详细列出设备（材料）名称、型号规格、计量单位、数量、单价、交货地点及方式等内容，在备注列标明是否含损耗量。不允许出现设备（材料）表中数量为"0"或空、具体数量详见工程量清单等字样。

第 6 章
输变电工程施工图预算编制

为进一步规范输变电工程施工招标管理、加强工程投资控制，基于《国家电网有限公司关于加强输变电工程施工图预算精准管控的意见》（国家电网基建〔2018〕1061 号）、《国家电网有限公司输变电工程施工图预算管理办法》（国家电网企管〔2019〕296 号）、《输变电工程施工图预算（综合单价法）编制规定》（国家电网企管〔2019〕698 号）等有关规定，研究明确施工图预算编制深度和相关注意事项。

6.1 预算编制依据

（1）国家、行业及国家电网有限公司颁发的造价标准和办法。

（2）工程可研、核准、初步设计批复，环评、水保等单项批复文件。

（3）电力工程造价与定额管理总站发布的人工、材机调整文件。

（4）国家电网有限公司发布的设备材料信息价。

（5）工程所在地建设主管部门发布的地方材料信息价。

（6）地方政府发布的征地、青苗赔偿、房屋拆迁等建设场地征用的相关标准。

（7）施工图图纸、施工组织设计、施工方案、设备材料清册等技术资料。

（8）已签订的合同（协议）。

6.2 各专业共通预算编制内容深度

（1）现行国家（行业）规程规范强制性条文执行情况（结构安全、公众利益等）。

（2）国家政策性文件、环评水保措施的落实情况。

（3）初步设计批复主要原则落实情况。

（4）公司相关规定执行情况。

（5）设计相关的施工组织设计、施工方案、施工措施等技术经济文件的合理性、可实施性。

（6）确定各专业主要施工图工程量。

（7）审定工程预算投资，包括预算编制依据的时效性和合法性，设备、材料价格的真实性及准确性，工程量计算的准确性，其他费用的时效性、合法性和准确性。

（8）工程造价水平分析，包括初步设计概算与施工图预算差异的合理性、主要技术经济指标的符合性。

6.3 变电工程预算编制内容深度

6.3.1 工程建设情况

（1）建设规模是否与初步设计一致。

（2）电气主接线、主要设备选型、配电装置和电气总平面布置等是否与初步设计一致。

（3）总平面布置、主要建筑结构型式、征地面积、围墙内占地面积、地基处理型式等是否与初步设计一致。

6.3.2　主要设备及材料价格

（1）已招标设备、材料是否按照合同（协议价）计入。

（2）未招标的主要设备价格是否按最新信息价格计列，母线、电缆、构支架等主要材料价格是否按照装置性材料预算价格计列，是否与市场价出现较大偏差。

（3）设备运输方案、运距是否合理，设备运杂费率是否按规定计列。

（4）计价材料价差计算是否采用定额站发布的调整系数调整。

（5）建筑工程材料预算价格是否采用工程所在地建设主管部门发布的信息价。

6.3.3　建筑工程

（1）建筑物工程量、单位造价指标是否合理。

（2）门、窗、空调、灯具等材料价格是否合理。

（3）电缆沟道、道路、围墙、挡土墙、护坡、排水沟等工程量是否准确，单位造价指标是否合理。

（4）设备基础、独立基础、柱、梁、楼板、屋面板等工程量是否准确，钢筋混凝土中含筋率是否合理。

（5）大型土石方费用计列是否与施工图设计一致，运距是否合理。

（6）场地土石比是否与设计图纸一致；挖方、填方、外运土方等工程量计算是否正确，套用定额是否正确。

（7）地基处理、桩基础、石方的二次爆破、站区绿化工程量是否准确，单位造价指标是否合理。

6.3.4　安装工程

（1）电力电缆、控制电缆、光缆等工程量是否与材料清册一致，技术经济指标是否合理。

（2）调试工作的具体项目是否正确，费用是否合理。

（3）站外水源、电源等设计是否满足施工图深度，是否按施工图编制预算，是否有重复计列的设计费、预备费等。

（4）辅助生产工程关于备品备件、检修仪器仪表应根据建设管理单位实际需要提出，统一考虑。

6.4　电缆工程预算编制内容深度

6.4.1　工程建设情况

（1）电缆线路路径、回路数、电缆及主要电缆附件类型是否与初步设计一致。

（2）电缆通道形式、工作井的主要型式、电缆终端站或电缆登杆（塔）的规模是否与初步设计一致。

6.4.2　主要设备及材料价格

（1）已招标设备、材料是否按照合同（协议价）计入。

（2）未招标的主要设备价格是否按最新信息价格计列。

（3）计价材料价差计算是否采用定额站发布的调整系数调整。

（4）建筑工程材料预算价格是否采用工程所在地建设主管部门发布的信息价。

6.4.3　建筑工程

（1）电缆沟、井及保护管工程工程量计算是否符合定额规定，定额选择是否合理。

（2）电缆沟、井等主要技术经济指标是否合理。

6.4.4 安装工程

（1）电缆敷设方式选择是否正确。

（2）电缆常规试验类型与设计要求是否一致。

（3）材料运输方式选择及运距计算是否合理。

6.5 其他费用预算编制内容深度

（1）建设场地征用及清理费、项目前期工作费、勘察设计费、设计文件审核费、研究试验费等费用已经签订合同的，应按照合同计列。未签订合同的应按照以下要求审核：

1）建设场地征用面积及补偿单价是否合规、合理，青苗、林木、房屋、厂矿及其他大额补偿费是否合规、合理。

2）对于土地使用费、地方性收费以及因工程特殊性而增加的单项收费审查相应的协议、文件的有效性和合法性。

3）桩基检测费、试桩费用计列依据是否正确，费用是否合理。

（2）审查以费率计取的其他费用的计算基数是否正确。

（3）审查与施工组织有关的设计方案，确定停电过渡措施、租地、重要跨越措施费等费用计列依据是否正确，费用是否合理。

第四篇

智能变电站模块化建设
施工图预算、工程量清单

第7章
220kV A3-2方案施工图预算、工程量清单

7.1 编制总说明

一、工程概况

1. 建设地址

冀北地区。

2. 安装工程

2.1 主变压器为三相三线圈有载调压变压器，本期新建2×240MVA，远景规划3×240MVA。

2.2 220kV配电装置采用户内GIS组合电器，本期和远景均为双母线单分段接线。本期建设220kV电缆出线2回（远景6回）、220kV架空出线2回（远景4回）。

2.3 110kV配电装置采用户内GIS组合电器，本期及远景均采用双母线接线。本期建设110kV架空出线4回（远景6回）、110V电缆出线2回（远景6回）。

2.4 10kV配电装置采用金属铠装移开式开关柜，本期为单母线四分段接线，远景为单母线六分段接线，远景采用单母线四分段接线。本期建设电缆出线24回（远景36回）。

2.5 本期1号、2号主变压器10kV侧各配置3组容量8Mvar并联电容器及2组容量10Mvar并联电抗器。

2.6 本期布置2组10kV接地变消弧线圈成套装置。

3. 建筑工程

3.1 总平面布置以站内东西向主道路为主轴线，其北侧布置220kV配电装置楼，南侧布置110kV配电装置楼及主变压器。变电站大门设在站区东侧。

3.2 建筑物均采用钢框架结构。220kV配电装置楼地上两层布置，轴线长54m，宽13m；建筑面积1595.23m²。一层布置电容器室、电抗器室等。二层布置220kV GIS室。

3.3 110kV配电装置楼地下一层，地上两层布置，轴线长57m，宽10m，建筑面积2012.17m²。一层布置10kV配电装置、资料室、应急操作室等，二层布置110kV GIS、二次设备及蓄电池等，地下层为电缆层。

3.4 配电装置楼外墙采用纤维水泥板外墙板。内墙采用纤维水泥板内墙板。外窗全部采用断桥铝合金窗，一层窗外加铝合金防盗网。外门采用钢防火盗门及铝合金节能门。地面电缆半层采用水泥砂浆地面、卫生间采用防滑瓷砖地面、蓄电池室采用耐酸瓷砖地面，其他房间采用自流平地面。配电装置楼屋面防水等级Ⅰ级，设置刚柔两道设防的防水保温屋面；地下室外侧贴SBS防水材料。

3.5 辅助建筑及其他附属建筑：水泵房地上一层，轴线长18.4m，宽7.2m，层高5.50m。蓄水池采用全地下钢筋混凝土结构。警卫室等辅助用房，轴线长13m，宽3m，层高3.3m，瓷砖地面。外立面装修材料及风格、色调同配电装置楼。门采用防火门及铝合金节能门，采光窗采用断桥铝合金窗，设置不锈钢防盗网。

二、编制依据

1. 国家能源局《电网工程建设预算编制与计算规定（2018年版）》。

2. Q/GDW 11337—2014《输变电工程工程量清单计价规范》、Q/GDW 11338—2014《变电工程工

程量清单计算规范》、施工图设计文件及勘察设计文件、工程招标文件。

3. 国家能源局《电力建设工程预算定额（2018 年版）第一册　建筑工程（上册、下册）、第三册电气设备安装工程、第五册　调试工程、第七册　通信工程》。

4. 装置性材料采用中电联《电力建设工程装置性材料预算价格（2018 年版）》、电网工程设备材料信息价 2022 年第二季度（总第 40 期）、地材价格按张家口市定额站发布 2022 年 7 月信息价调整。

5.《电力工程造价与定额管理总站关于发布电力工程计价依据营业税改征增值税估价表的通知》（定额〔2016〕45 号）。

6.《国网基建部关于印发输变电工程多维立体参考价（2022 年版）的通知》（基建技经〔2022〕6 号）。

7.《国家电网公司关于严格控制电网工程造价的通知》（国家电网基建〔2014〕85 号）。

8.《国家电网公司关于印发加强输变电工程其他费用管理意见的通知》（国家电网基建〔2013〕1434 号）。

9.《国家电网公司办公厅转发中电联关于落实〈国家发改委关于进一步放开建设项目专业服务价格的通知〉的指导意见的通知》（办基建〔2015〕100 号）。

10.《电力工程造价与定额管理总站关于发布 2018 版电力建设工程概预算定额价格水平调整的通知》（定额〔2022〕1 号）。

11. 国家电网有限公司电力建设定额站标准 GDGC-2021-01 号《35～750kV 输变电工程安装调试定额应用等 2 项指导意见（2021 年版）》。

12. 基本预备费根据国家能源局《电网工程建设预算编制与计算规定（2018 年版）》规定，按 1% 计列。

13. 国网冀北电力有限公司相关文件《国网冀北电力有限公司关于加强电网建设属地协调管理工作的意见》（冀北电建设〔2019〕358 号）。

三、其他说明

1. 工程取费按照 220kV 新建工程、Ⅲ类取费。

2. 工程量计算依据图纸、设备材料清册和相关专业所提资料并结合有关规定标准计算统计。

3. 建设期贷款利息：贷款比例按静态投资的 80% 计列，年利率（2022 年 8 月发布调整）为 4.37%。

4. 规费费率按河北省计列：养老保险费费率 16%；失业保险费费率 0.7%；医疗保险费费率 8.4%；生育保险费费率 0%；工伤保险费费率 1.2%；住房公积金费率 12%。

四、编制说明

1. 站区给排水及消防管道埋深，按常用设计埋深 3m 计算土方。

2. 围墙外 600mm×600mm 块石排水沟长度按设计围墙长度计算。

3. 室外各种规格电缆沟过路部分长度按路面宽度＋2m 计算。

4. 卷材防水上翻部分高度按上翻 250mm 常见设计高度计算。

5. 室外管道组价时考虑土方开挖费用（依据《国网冀北电力有限公司关于加强基建工程招标工程量清单及控制价编制管理的意见》）。

6. 考虑标准参考成果的通用性，施工图图纸的设计范围均不含站区土方及施工水电部分，工程量清单和施工图预算编制口径保持一致。

7. 智能辅助控制系统包含火灾报警子系统、安全防护子系统、动环子系统、智能巡检子系统、智能锁控子系统等，其中智能巡检子系统和智能锁控子系统为估算工程量，智能辅助控制系统按照施工单位配合厂家安装考虑（依据《国网冀北电力有限公司关于加强基建工程招标工程量清单及控制价编制管理的意见》），其中保护管按照施工单位采购、施工考虑。

8. 接地部分：多股软铜芯电缆配套电缆鼻子，施工图设计深度未明，暂按 10m 每根 2 个电缆鼻子考虑计列。

9. 特殊试验中：SF_6 密度继电器表计试验，施工图设计深度无法确定气室分割图，密度继电器数量参考相似工程计列。

10. 甲乙供设备、材料的划分原则，参照"国家电网有限公司总部集中采购目录清单"及"国网冀北电力有限公司二级集中采购目录"中相关规定。

7.2 成果附录

本节展示 220kV A3-2 方案施工图预算编制、工程量清单编制部分成果，包括封面、编制说明、填表须知、变电站工程总预算表、建筑工程专业汇总预算表、安装工程专业汇总预算表、建筑分部分项工程量清单、安装分部分项工程量清单等，完整施工图预算、工程量清单见后附光盘。

7.2.1 施工图预算编制部分成果

220kV A3-2 方案智能变电站模块化建设施工图通用设计 建安预算

预　算　书

编　制　说　明

1. 设计依据

1.1　初步设计资料及施工图阶段设计资料。

2. 工程造价控制情况分析

工程总投资：11983 万元

其中，工程静态投资 11790 万元，单位造价 249.65 元/kVA

3. 工程概况

3.1　建设地址

冀北地区。

3.2　安装工程

3.2.1　主变压器为三相三线圈有载调压变压器，本期新建 2×240MVA，远景规划 3×240MVA。

3.2.2　220kV 配电装置采用户内 GIS 组合电器，本期和远景均为双母线单分段接线。本期建设 220kV 电缆出线 2 回（远景 6 回）、建设 220kV 架空出线 2 回（远景 4 回）。

3.2.3　110kV 配电装置采用户内 GIS 组合电器，本期及远景均采用双母线接线。本期建设 110kV 架空出线 4 回（远景 6 回）、110V 电缆出线 2 回（远景 6 回）。

3.2.4　10kV 配电装置采用金属铠装移开式开关柜，本期为单母线四分段接线，远景为单母线六分段接线，远景采用单母线四分段接线。本期建设电缆出线 24 回（远景 36 回）。

3.2.5　本期 1 号、2 号主变压器 10kV 侧各配置 3 组容量 8Mvar 并联电容器及 2 组容量 10Mvar 并联电抗器。

3.2.6　本期布置 2 组 10kV 接地变消弧线圈成套装置。

3.3 建筑工程

3.3.1 总平面布置以站内东西向主道路为主轴线，其北侧布置 220kV 配电装置楼，南侧布置 110kV 配电装置楼及主变压器。变电站大门设在站区东侧。

3.3.2 建筑物均采用钢框架结构。220kV 配电装置楼地上两层布置，轴线长 54m，宽 13m；建筑面积 1595.23m²。一层布置电容器室、电抗器室等。二层布置 220kV GIS 室。

3.3.3 110kV 配电装置楼地下一层，地上两层布置，轴线长 57m，宽 10m，建筑面积 2012.17m²。一层布置 10kV 配电装置、资料室、应急操作室等，二层布置 110kV GIS、二次设备及蓄电池等，地下层为电缆层。

3.3.4 配电装置楼外墙采用纤维水泥板外墙板。内墙采用纤维水泥板内墙板。外窗全部采用断桥铝合金窗，一层窗外加铝合金防盗网。

外门采用钢防火盗门及铝合金节能门。地面电缆半层采用水泥砂浆地面、卫生间采用防滑瓷砖地面、蓄电池室采用耐酸瓷砖地面，其他房间采用自流平地面。配电装置楼屋面防水等级Ⅰ级，设置刚柔两道设防的防水保温屋面；地下室外侧贴 SBS 防水材料。

3.3.5 辅助建筑及其他附属建筑：水泵房地上一层，轴线长 18.4m，宽 7.2m，层高 5.50m。蓄水池采用全地下钢筋混凝土结构。警卫室等辅助用房，轴线长 13m，宽 3m，层高 3.3m，瓷砖地面。外立面装修材料及风格、色调同配电装置楼。门采用防火门及铝合金节能门，采光窗采用断桥铝合金窗，设置不锈钢防盗网。

4. 编制依据

4.1 国家能源局《电网工程建设预算编制与计算规定（2018 年版）》。

4.2 Q/GDW 11337—2014《输变电工程工程量清单计价规范》、Q/GDW 11338—2014《变电工程工程量清单计算规范》、施工图设计文件及勘察设计文件、工程招标文件。

4.3 国家能源局《电力建设工程预算定额（2018 年版） 第一册 建筑工程（上册、下册）、第二册 电气设备安装工程、第五册 调试工程、第七册 通信工程》。

4.4 装置性材料采用中电联《电力建设工程装置性材料预算价格（2018 年版）》、电网工程设备材料信息价 2022 年第二季度（总第 40 期）、地材价格按张家口市定额站发布 2022 年 7 月信息价调整。

4.5 《电力工程造价与定额管理总站关于发布电力工程计价依据营业税改征增值税估价表的通知》（定额〔2016〕45 号）。

4.6 《国网基建部关于印发输变电工程多维立体参考价（2022 年版）的通知》（基建技经〔2022〕6 号）。

4.7 《国家电网公司关于严格控制电网工程造价的通知》（国家电网基建〔2014〕85 号）。

4.8 《国家电网公司关于印发加强输变电工程其他费用管理意见的通知》（国家电网基建〔2013〕1434 号）。

4.9 《国家电网公司办公厅转发中电联关于落实〈国家发改委关于进一步放开建设项目专业服务价格的通知〉的指导意见的通知》（办基建〔2015〕100 号）。

4.10 《电力工程造价与定额管理总站关于发布 2018 版电力建设工程概预算定额价格水平调整的通知》（定额〔2022〕1 号）。

4.11 国家电网有限公司电力建设定额站标准 GDGC-2021-01 号《35～750kV 输变电工程安装调试定额应用等 2 项指导意见（2021 年版）》。

4.12 基本预备费根据国家能源局《电网工程建设预算编制与计算规定（2018 年版）》规定，按 1% 计列。

4.13 国网冀北电力有限公司相关文件《国网冀北电力有限公司关于加强电网建设属地协调管理工作的意见》（冀北电建设〔2019〕358 号）。

5. 编制方法

5.1 工程取费按照 220kV 新建工程、Ⅲ类取费。

5.2 工程量计算依据图纸、设备材料清册和相关专业所提资料并结合有关规定标准计算统计。

5.3 建设期贷款利息：贷款比例按静态投资的80％计列，年利率（2022年8月发布调整）为4.37％。

5.4 规费费率按河北省张家口市计列：养老保险费费率16％；失业保险费费率0.7％；医疗保险费费率8.4％；生育保险费费率0％；工伤保险费费率1.2％；住房公积金费率12％。

6. 编制特殊说明

6.1 站区给排水及消防管道埋深，按常用设计埋深3m计算土方。

6.2 围墙外600mm×600mm块石排水沟长度按设计围墙长度计算。

6.3 室外各种规格电缆沟过路部分长度按路面宽度＋2m计算。

6.4 卷材防水上翻部分高度按上翻250mm常见设计高度计算。

6.5 室外管道组价时考虑土方开挖费用（依据《国网冀北电力有限公司关于加强基建工程招标工程量清单及控制价编制管理的意见》）。

6.6 考虑标准参考成果的通用性，施工图图纸的设计范围均不含站区土方及施工水电部分，工程量清单和施工图预算编制口径保持一致。

6.7 智能辅助控制系统包含：火灾报警子系统、安全防护子系统、动环子系统、智能巡检子系统、智能锁控子系统等，其中智能巡检子系统和智能锁控子系统为估算工程量，智能辅助控制系统按照施工单位配合厂家安装考虑（依据《国网冀北电力有限公司关于加强基建工程招标工程量清单及控制价编制管理的意见》），其中保护管按照施工单位采购、施工考虑。

6.8 接地部分：多股软铜芯电缆配套电缆鼻子，施工图设计深度未明，暂按10m每根2个电缆鼻子考虑计列。

6.9 特殊试验中：SF_6密度继电器表计试验，施工图设计深度无法确定气室分割图，密度继电器数量参考相似工程计列。

6.10 甲乙供设备、材料的划分原则，参照"国家电网有限公司总部集中采购目录清单"及"国网冀北电力有限公司二级集中采购目录"相关规定。

表 7-1　　　　　　　　　　　　变电站工程总预算表

工程名称：220kV A3-2方案智能变电站模块化建设施工图通用设计　　　　　　　　　　　　金额单位：万元

序　号	工程或费用名称	金　额	各项占静态投资比例/％	单位投资/(元/kVA)
一	建筑工程费	3654	30.99	76.13
1	主要生产工程	3213	27.25	66.94
2	辅助生产工程	329	2.79	6.85
3	与站址有关的单项工程	112	0.95	2.33
二	安装工程费	1320	11.2	27.50
1	主要生产工程	1314	11.15	27.38
2	与站址有关的单项工程	6	0.05	0.13
三	设备购置费	6613	56.09	137.77
四	其他费用	86	0.73	1.79
五	基本预备费	117	0.99	2.44
六	特殊项目费用			
	工程静态投资	11790	100	245.63
七	动态费用	193		
1	价差预备费			
2	建设期贷款利息	193		
	项目建设总费用（动态投资）	11983		
	其中：生产期可抵扣的增值税	1181		

表 7－2　　　　　　　　　　　　　　　　建筑工程专业汇总预算表

工程名称：220kV A3－2 方案智能变电站模块化建设施工图通用设计　　　　　　　　　　　　　金额单位：元

序号	项目或费用名称	建筑设备费	分部分项工程费	措施项目费（一）	措施项目费（二）	规费	税金	合计	单位	数量	指标
	建筑工程	1206076	29727967	1394783		1265215	2947320	36541361			
一	主要生产工程	969176	26222756	1228500		1114379	2596471	32131282			
1	主要生产建筑	553593	21193939	990201		898217	2077412	25713362			
1.4	配电装置室	553593	21193939	990201		898217	2077412	25713362			
1.4.3	220kV 配电装置室	136435	10655134	489444		443977	1042970	12767960	元/m³		
1.4.4	110kV 配电装置室	417158	10538805	500758		454240	1034442	12945402	元/m³		
2	配电装置建筑	91033	1996323	111727		101348	198846	2499276			
2.1	主变压器系统		843308	49569		44964	84406	1022247	元/台		
2.1.1	构支架及基础		193282	9435		8558	19015	230291			
2.1.2	主变压器设备基础		90367	5139		4662	9015	109182	元/m³		
2.1.3	主变压器油坑及卵石		257527	16899		15329	26078	315833	元/m³		
2.1.4	防火墙		197945	11904		10799	19858	240506	元/m³		
2.1.5	事故油池		104187	6192		5617	10440	126435			
2.9	避雷针塔		261112	12507		11345	25647	310611	元/座		
2.10	电缆沟道	91033	669410	38645		35056	66880	901023	元/m		
2.11	栅栏及地坪		222493	11006		9983	21913	265395	元/m²		
3	供水系统建筑	217550	2234652	98255		89127	233917	2873500			
3.1	站区供水管道		32296	1862		1689	3226	39074	元/m		
3.2	综合水泵房及雨淋阀间	217550	1217800	48603		44088	133878	1661919	元/m²		
3.2.1	一般土建		1069317	40034		36315	103110	1248775			
3.2.2	设备及管道	177040	98855	5960		5406	25853	313114			
3.2.3	通风及空调	37551	1154	73		67	116	38962			
3.2.4	照明	2959	48474	2537		2301	4798	61068			
3.3	消防水池		984556	47789		43350	96813	1172508	元/座		
4	消防系统	107000	797843	28317		25687	86296	1045144			
4.3	站区消防管道		372127	22157		20099	37294	451677	元/m		
4.4	消防器材	107000	311114	341		309	37689	456454			
4.5	特殊消防系统		114602	5819		5279	11313	137013	元/台		
二	辅助生产工程	236900	2551688	129257		117250	258678	3293773			
1	辅助生产建筑	47109	493756	18420		16709	47600	623594			
1.2	警卫室	47109	493756	18420		16709	47600	623594			
1.2.1	一般土建		461188	16541		15004	44346	537080			
1.2.2	给排水		11974	790		717	1213	14695			
1.2.3	通风及空调	42785	4114	259		235	415	47807			

续表

序号	项目或费用名称	建筑工程							技术经济指标		
		建筑设备费	分部分项工程费	措施项目费（一）	措施项目费（二）	规费	税金	合计	单位	数量	指标
1.2.4	照明	4324	16480	830		753	1626	24013			
2	站区性建筑	189791	1651332	89884		81534	170888	2183429	元/m²		
2.2	站区道路及广场		622847	29923		27144	61192	741106	元/m²		
2.3	站区排水	189791	673010	39388		35729	74171	1012089			
2.3.1	排水管道		368676	21315		19335	36839	446166	元/m		
2.3.2	污水池调节池	17000	34877	2060		1869	5023	60829			
2.3.3	中水集水池	17000	39791	2380		2159	5520	66851			
2.3.4	污水处理设备	113791	11317	670		608	1134	127520			
2.3.5	雨水泵池	42000	218348	12961		11757	25656	310722			
2.4	围墙及大门		355475	20573		18662	35524	430234	元/m		
3	特殊构筑费		406600	20953		19007	40190	486750			
3.1	挡土墙及挡水墙		314495	16279		14767	31099	376640	元/m³		
3.2	防洪排水沟		92104	4674		4240	9092	110111			
三	与站址有关的单项工程		953523	37025		33586	92172	1116306			
1	地基处理		953523	37025		33586	92172	1116306	元/m³		
	合计	1206076	29727967	1394783		1265215	2947320	36541361			
	建筑工程	1206076	29727967	1394783		1265215	2947320	36541361			

表 7-3　　　　　　　　　　　　　　　安装工程专业汇总预算表

工程名称：220kV A3-2 方案智能变电站模块化建设施工图通用设计　　　　　　　　　　　金额单位：元

序号	项目或费用名称	设备购置费	分部分项工程费		措施项目费（一）	措施项目费（二）	施工企业配合调试费	规费	税金	合计	技术经济指标		
			小计	其中：装置性材料费							单位	数量	指标
	安装工程	66128072	7988120	4033207	903483	62550	59790	958355	891877	13205137			
一	主要生产工程	66128072	7988120	4033207	903483	62550	59790	958355	891877	13142587			
1	主变压器系统	18150205	475956	341785	53447		6463	35380	51412	892929	元/kVA		
1.4	220kV 主变压器	18150205	475956	341785	53447		6463	35380	51412	892929			
2	配电装置	33166327	1126050	43439	155619		16386	172103	132314	1617320	元/kVA		
2.1	屋内配电装置	33166327	1126050	43439	155619		16386	172103	132314	1617320			
2.1.3	220kV 屋内配电装置	19264083	602251	12466	82989		8846	91482	70701	856270			
2.1.4	110kV 屋内配电装置	9192908	424065	15171	58372		6078	65136	49829	603480			
2.1.8	10kV 屋内配电装置	4709336	99734	15802	14257		1463	15485	11784	157571			
3	无功补偿	4486185	106386	12128	13853		1433	15366	12333	151709			
3.3	低压电容器	1147376	65126	1331	8920		960	9798	7632	92437			

续表

序号	项目或费用名称	设备购置费	安装工程				施工企业配合调试费	规费	税金	合计	技术经济指标		
			分部分项工程费		措施项目费（一）	措施项目费（二）					单位	数量	指标
			小计	其中：装置性材料费									
3.3.5	10kV 电容器	1147376	65126	1331	8920		960	9798	7632	92437	元/kVar		
3.4	低压电抗器	3338809	41259	10798	4933		472	5569	4701	59273			
3.4.5	10kV 电抗器	3338809	41259	10798	4933		472	5569	4701	59273	元/kVar		
4	控制及直流系统	7938382	1126977	123676	150303		14463	172373	131770	1595886	元/kVA		
4.1	计算机监控系统	4418011	597586		88287		8663	104093	71876	870504			
4.1.1	计算机监控系统	2373499	159260		25408		2177	32493	19740	239078			
4.1.2	智能设备	1853182	428892		61909		6319	71029	51133	619282			
4.1.3	同步时钟	191330	9434		970		166	571	1003	12144			
4.2	继电保护	1323097	145971		23325		1993	29876	18105	219270			
4.3	直流系统及不间断电源	857964	46157		6525		690	7297	5460	66129			
4.4	智能辅助控制系统	805600	320089	118405	30480		2937	29543	34474	417524			
4.5	在线监测系统	533710	17174	5272	1686		180	1564	1854	22459			
5	站用电系统	678919	222604	135734	15687		1198	13466	22766	278475	元/kVA		
5.1	站用变压器	578219	6932		1127		93	1466	866	10485			
5.2	站用配电装置	95665	4815		752		67	941	592	7166			
5.3	站区照明	5035	210856	135734	13809		1037	11059	21309	260824			
6	电缆及接地	82171	2571916	3198120	274170		16811	262374	281274	5430942			
6.1	全站电缆	82171	1983943	2866620	227133		13583	212517	219346	4680917			
6.1.1	电力电缆		169414	1521177	45828		1537	17922	21123	1777001	元/m		
6.1.2	控制电缆	82171	419715	513012	69692		5474	74068	51205	1123374	元/m		
6.1.3	电缆辅助设施		825759	458443	69619		4477	75776	87807	1063438			
6.1.4	电缆防火		569055	373988	41994		2095	44751	59210	717105			
6.2	全站接地		587974	331500	47037		3228	49857	61929	750025	元/m		
7	通信及远动系统	1625882	387951	178325	41571		3036	47932	43244	550091	元/kVA		
7.1	通信系统	1233152	345760	178325	34736		2467	39062	37982	486363			
7.2	远动及计费系统	392730	42192		6835		570	8870	5262	63728			
8	全站调试		1970280		198833			239360	216763	2625235	元/kVA		
8.1	分系统调试		298429		42605			64607	36508	442148			
8.2	整套启动调试		28706		4204			6455	3543	42908			
8.3	特殊调试		1643146		152024			168298	176712	2140180			
	措施项目					62550				62550			
	合计	66128072	7988120	4033207	903483	62550	59790	958355	891877	13205137			

7.2.2 工程量清单编制部分成果

220kV A3－2方案智能变电站
模块化建设施工图通用设计　工程

招 标 工 程 量 清 单

招 标 人：＿＿＿＿＿＿＿＿＿
　　　　　（单位盖章）

法定代表人
或其授权人：＿＿＿＿＿＿＿＿＿
　　　　　　（签字或盖章）

工程造价
咨 询 人：＿＿＿＿＿＿＿＿＿
　　　　　（单位资质专用章）

法定代表人
或其授权人：＿＿＿＿＿＿＿＿＿
　　　　　　（签字或盖章）

编 制 人：＿＿＿＿＿＿＿＿＿
　　　　（签字、盖执业专用章）

复 核 人：＿＿＿＿＿＿＿＿＿
　　　　（签字、盖执业专用章）

编制时间：　　　　　　　　　　复核时间：

填 表 须 知

1　工程量清单应由具有编制招标文件能力的招标人、受其委托具有相应资质的电力工程造价咨询人或招标代理人进行编制

2　招标人提供的工程量清单的任何内容不应删除或涂改

3　工程量清单格式的填写应符合下列规定：

3.1　工程量清单中所有要求签字、盖章的地方，应由规定的单位和人员签字、盖章。

3.2　总说明应按下列内容填写：

3.2.1　工程概况应包括工程建设性质、本期容量、规划容量、电气主接线、配电装置、补偿装置、设计单位、建设地点、线路（电缆）亘长、回路数、起止塔（杆）号、设计气象条件、沿线地形比例、沿线地质条件、杆塔类型与数量、导线型号规格（电缆型号规格）、地形型号规格、光缆型号规格、电缆敷设方式等内容

3.2.2　其他说明应按如下内容填写：

a）工程招标和分包范围；

b）工程量清单编制依据；

c）工程质量、材料等要求；

d）施工特殊要求；

e）交通运输情况、健康环境保护和安全文明施工；

f）其他需要说明的内容

3.3　分部分项工程量清单、措施项目清单（二）按序号、项目编码、项目名称、项目特征、计量单位、工程量、备注等内容填写。

3.4　措施项目清单（一）按序号、项目名称等内容填写。

3.5　其他项目清单按序号、项目名称等内容填写。

3.6　规费、税金项目清单按序号、项目名称等内容填写。

3.7　投标人采购材料（设备）表按序号、材料（设备）名称、型号规格、计量单位、数量、单价等内容填写。

3.8　招标人采购材料（设备）表按序号、材料（设备）型号规格、计量单位、数量、单价、交货地点及方式等内容填写。

4　如有需要说明其他事项可增加条款。

总 说 明

工程名称：220kV A3－2方案智能变电站模块化建设施工图通用设计

工程名称	220kV A3－2方案智能变电站模块化建设施工图通用设计	建设性质	新建
设计单位		建设地点	河北张家口

<table>
<tr><td rowspan="1">工程概况</td><td colspan="3">
1. 安装工程

1.1 主变压器为三相三线圈有载调压变压器，本期新建2×240MVA，远景规划3×240MVA。

1.2 220kV配电装置采用户内GIS组合电器，本期和远景均为双母线单分段接线。本期建设220kV电缆出线2回（远景6回）、建设220kV架空出线2回（远景4回）。

1.3 110kV配电装置采用户内GIS组合电器，本期及远景均采用双母线接线。本期建设110kV架空出线4回（远景6回）、110V电缆出线2回（远景6回）。

1.4 10kV配电装置采用金属铠装移开式开关柜，本期为单母线四分段接线，远景为单母线六分段接线，远景采用单母线四分段接线。本期建设电缆出线24回（远景36回）。

1.5 本期1号、2号主变10kV侧各配置3组容量8Mvar并联电容器及2组容量10Mvar并联电抗器。

1.6 本期布置2组10kV接地变消弧线圈成套装置。

2. 建筑工程

2.1 总平面布置以站内东西向主道路为主轴线，其北侧布置220kV配电装置楼，南侧布置110kV配电装置楼及主变压器。变电站大门设在站区东侧。

2.2 建筑物均采用钢框架结构。220kV配电装置楼地上两层布置，轴线长54m，宽13m；建筑面积1595.23m²。一层布置电容器室、电抗器室等。二层布置220kV GIS室。

2.3 110kV配电装置楼地下一层，地上两层布置，轴线长57m，宽10m，建筑面积2012.17m²。一层布置10kV配电装置、资料室、应急操作室等，二层布置110kV GIS、二次设备及蓄电池等，地下层为电缆层。

2.4 配电装置楼外墙采用纤维水泥板外墙板。内墙采用纤维水泥板内墙板。外窗全部采用断桥铝合金窗，一层窗外加铝合金防盗网。外门采用钢防火盗门及铝合金节能门。地面电缆半层采用水泥砂浆地面、卫生间采用防滑瓷砖地面、蓄电池室采用耐酸瓷砖地面，其他房间采用自流平地面。配电装置楼屋面防水等级I级，设置刚柔两道设防的防水保温屋面；地下室外侧贴SBS防水材料。

2.5 辅助建筑及其他附属建筑：水泵房地上一层，轴线长18.4m，宽7.2m，层高5.50m。蓄水池采用全地下钢筋混凝土结构。警卫室等辅助用房，轴线长13m，宽3m，层高3.3m，瓷砖地面。外立面装修材料及风格、色调同配电装置楼。门采用防火门及铝合金节能门，采光窗采用断桥铝合金窗，设置不锈钢防盗网。
</td></tr>
<tr><td>其他说明</td><td colspan="3">
1. 国家能源局《电网工程建设预算编制与计算规定（2018年版）》。

2. Q/GDW 11337—2014《输变电工程工程量清单计价规范》、Q/GDW 11338—2014《变电工程工程量清单计算规范》、施工图设计文件及勘察设计文件、工程招标文件。

3. 国家能源局《电力建设工程预算定额（2018年版） 第一册 建筑工程（上册、下册）、第三册 电气设备安装工程、第五册 调试工程、第七册 通信工程》。

4. 装置性材料采用中电联《电力建设工程装置性材料预算价格（2018年版）》、电网工程设备材料信息价2022年第二季度（总第40期）、地材价格按张家口市定额站发布2022年7月信息价调整。

5.《电力工程造价与定额管理总站关于发布电力工程计价依据营业税改征增值税估价表的通知》（定额〔2016〕45号）。

6.《国网基建部关于印发输变电工程多维立体参考价（2022年版）的通知》（基建技经〔2022〕6号）。

7.《国家电网公司关于严格控制电网工程造价的通知》（国家电网基建〔2014〕85号）。

8.《国家电网公司关于印发加强输变电工程其他费用管理意见的通知》（国家电网基建〔2013〕1434号）。

9.《国家电网公司办公厅转发中电联关于落实〈国家发改委关于进一步放开建设项目专业服务价格的通知〉的指导意见的通知》（办基建〔2015〕100号）。

10.《电力工程造价与定额管理总站关于发布2018版电力建设工程概预算定额价格水平调整的通知》（定额〔2022〕1号）。

11. 国家电网有限公司电力建设定额站标准 GDGC－2021－01号《35～750kV输变电工程安装调试定额应用等2项指导意见（2021年版）》。

12. 国网冀北电力有限公司相关文件《国网冀北电力有限公司关于加强电网建设属地协调管理工作的意见》（冀北电建〔2019〕358号）。
</td></tr>
</table>

建筑分部分项工程量清单

工程名称：220kV A3－2 方案智能变电站模块化建设施工图通用设计

序号	项目编码	项目名称	项 目 特 征	计量单位	工程量	备注
		变电站建筑工程				
		一　主要生产工程				
		1　主要生产建筑				
		1.4　配电装置室				
	BT1403	1.4.3　220kV 配电装置室				
	BT140301	1.4.3.1　一般土建				
1	BT1403A13001	挖坑槽土方	1. 土壤类别：普土 2. 挖土深度：4m 以内，大开挖 3. 运距：综合考虑 4. 回填：素土回填	m³	4372.2	
2	BT1403B12001	独立基础	1. 垫层种类、混凝土强度等级、厚度：素混凝土 C15 100mm 2. 基础混凝土种类、混凝土强度等级：钢筋混凝土 C30	m³	211.03	
3	BT1403B11001	条型基础	1. 垫层种类、混凝土强度等级、厚度：素混凝土 C15 100mm 2. 基础混凝土种类、混凝土强度等级：混凝土 C30	m³	9.25	
4	BT1403B15001	筏形基础	1. 垫层种类、混凝土强度等级、厚度：素混凝土 C15 100mm 2. 基础混凝土种类、混凝土强度等级：钢筋混凝土 C35 3. 抗渗等级：P6	m³	17.1	
5	BT1403G12001	钢筋混凝土基础梁	1. 混凝土强度等级：C30 2. 结构形式：现浇 3. 垫层种类、混凝土强度等级、厚度：素混凝土 C15 100mm	m³	25.48	
6	BT1403G18001	混凝土墙	1. 墙类型：钢筋混凝土墙 2. 墙厚度：250mm 3. 混凝土墙强度等级：C35 4. 抗渗等级：P6	m³	41.43	
7	BT1403E14001	砌体内墙	1. 砂浆强度等级：MU10 水泥砂浆砌筑 2. 墙体类型：MU20 烧结普通砖 3. 圈梁、构造柱混凝土强度等级：C35	m³	88.19	
8	BT1403G18002	混凝土墙	1. 墙类型：女儿墙 2. 墙厚度：120mm 3. 混凝土强度等级：C30	m³	21.48	
9	BT1403G21001	混凝土零星构件	1. 混凝土强度等级：C40 2. 结构形式：钢筋混凝土柱脚保护帽	m³	14.47	
10	BT1403G21002	混凝土零星构件	1. 混凝土强度等级：C40 2. 混凝土种类：箱型柱内灌混凝土	m³	24.08	
11	BT1403G21003	混凝土零星构件	1. 混凝土强度等级：C40 2. 混凝土种类：混凝土二次灌浆	m³	2.99	
12	BT1403H18001	其他钢结构	1. 品种、规格：地锚 2. 防腐种类：镀锌	t	0.203	

序号	项目编码	项目名称	项目特征	计量单位	工程量	备注
13	BT1403G25001	预埋化学螺栓	规格：M24	t	1.406	
14	BT1403G13001	钢筋混凝土柱	1. 混凝土强度等级：C30 2. 结构形式：现浇	m³	54.88	
15	BT1403G19001	钢筋混凝土板	1. 混凝土强度等级：C35 2. 结构形式：现浇 3. 其他：压型钢板底模 1.2mm	m³	188.7	
16	BT1403G19002	钢筋混凝土板	1. 混凝土强度等级：C35 2. 结构形式：现浇 3. 其他：钢筋桁架楼承板	m³	90.45	
17	BT1403H13001	钢柱	1. 品种：钢柱 2. 规格：综合	t	167.791	
18	BT1403H14001	钢梁	1. 品种：钢梁 2. 规格：综合	t	161.976	
19	BT1403H22001	钢结构防腐	1. 防腐要求：环氧富锌底漆 75μm，环氧云铁中间漆 110μm，氟碳金属面漆 100μm 2. 除锈等级：Sa2.5	t	329.767	
20	BT1403H22002	钢结构防腐	1. 防腐要求：环氧锌黄底漆 2 道 70μm，环氧云铁防锈中间漆 110μm，氟碳金属面漆 100μm 2. 除锈等级：喷砂除锈	t	7.857	
21	BT1403H21001	钢结构防火	1. 部位：钢柱 2. 防火要求：耐火极限 2.5h 3. 涂料种类、涂刷遍数：防火涂料	t	167.91	
22	BT1403H21002	钢结构防火	1. 部位：钢梁及钢楼梯 2. 防火要求：耐火极限 1.5h 3. 涂料种类、涂刷遍数：防火涂料	t	149.077	
23	BT1403H21003	钢结构防火	1. 部位：压型钢板底模防火 2. 防火要求：耐火极限 1h 3. 涂料种类、涂刷遍数：防火涂料	t	17.5	
24	BT1403D16001	楼梯面层	面层材质、厚度：混凝土 30mm C30，内配 φ4@200 钢筋网	m²	74.12	
25	BT1403D13001	楼面整体面层	面层材质、规格：混凝土 30mm C30，内配 φ4@200 钢筋网	m³	0.53	
26	BT1403B11002	条型基础	1. 名称：楼梯基础 2. 垫层种类、混凝土强度等级、厚度：素混凝土 C15 100mm 3. 基础混凝土种类、混凝土强度等级：混凝土 C30	t	4.082	
27	BT1403H18002	其他钢结构	品种、规格：钢梯	t	4.96	
28	BT1403H18003	其他钢结构	品种、规格：钢平台	m²	32.36	
29	BT1403D11001	扶手、栏杆、栏板	1. 栏杆材料种类、规格、品牌、颜色：不锈钢护栏 2. 高度：1200mm 3. 备注：室外平台	m²	41.76	
30	BT1403D11002	扶手、栏杆、栏板	1. 栏杆材料种类、规格、品牌、颜色：不锈钢护栏 2. 高度：1050mm 3. 备注：楼梯间	m	62.18	

安装分部分项工程量清单

工程名称：220kV A3 - 2 方案智能变电站模块化建设施工图通用设计

序号	项目编码	项目名称	项 目 特 征	计量单位	工程量	备注
		变电站安装工程				
		一　主要生产工程				
		1　主变压器系统				
	BA1501	1.4　220kV 主变压器				
1	BA1501A11001	变压器	1. 电压等级：220kV 2. 名称：三相三线圈有载调压变压器 3. 型号规格、容量：SFSZ - 240000/220 4. 安装方式：户外 5. 其他：散热器外置	台	2	
2	BA1501D13001	控制及保护盘台柜	1. 名称：油色谱柜 2. 型号规格：主变厂家供货	块	2	
3	BA1501D13002	控制及保护盘台柜	1. 名称：风冷控制柜 2. 型号规格：主变厂家供货	块	2	
4	BA1501B27001	中性点接地成套设备	1. 电压等级：220kV 2. 型号规格：220kV 中性点成套设备 3. 安装方式：户外 4. 其他：含设备连接线 LGJ - 500/45 及金具等	套	2	
5	BA1501B27002	中性点接地成套设备	1. 电压等级：110kV 2. 型号规格：110kV 中性点成套设备 3. 安装方式：户外 4. 其他：含设备连接线 LGJ - 500/45 及金具等	套	2	
6	BA1501B18001	避雷器	1. 电压等级：10kV 2. 型号规格：氧化锌避雷器 YH5WZ5 - 17/45 附带计数器 3. 安装方式：户外 4. 其他：含连引线铜排 TMY - 30×4 配绝缘护套	组	2	
7	BA1501C17001	管型母线	1. 电压等级：10kV 2. 型号规格：全绝缘式铜管母 3. 安装方式：支撑式 4. 其他：4000A/10kV　附支撑及固定金具	m	70	
8	BA1501C14001	软母线	1. 电压等级：220kV 2. 单导线型号规格：LGJ - 630/55 3. 导线分裂数：无 4. 绝缘子串悬挂方式：水平 5. 跨距：23m	跨/三相	2	
9	BA1501C14002	软母线	1. 电压等级：110kV 2. 单导线型号规格：LGJ - 630/55 3. 导线分裂数：双分裂 4. 绝缘子串悬挂方式：水平 5. 跨距：10m	跨/三相	2	
10	BA1501D25001	铁构件	1. 名称：综合铁构件 2. 型号规格：角钢、槽钢 3. 用途：支持型钢 4. 防腐要求：热镀锌防腐	t	0.164	

序号	项目编码	项目名称	项目特征	计量单位	工程量	备注
		2 配电装置				
		2.1 屋内配电装置				
	BA2103	2.1.3 220kV屋内配电装置				
11	BA2103B12001	组合电器	1. 电压等级：220kV 2. 名称：SF_6封闭组合电器 主变架空进线间隔 3. 型号规格：GIS带断路器 4. 安装方式：户内 5. 防腐要求：补漆 6. 其他：LGJ-630/55导线及其配套金具	台	2	
12	BA2103B12002	组合电器	1. 电压等级：220kV 2. 名称：SF_6封闭组合电器 架空出线间隔 3. 型号规格：GIS带断路器 4. 安装方式：户内 5. 防腐要求：补漆 6. 其他：2×LGJ-630/55导线及其配套金具	台	2	
13	BA2103B12003	组合电器	1. 电压等级：220kV 2. 名称：SF_6封闭组合电器 电缆出线间隔 3. 型号规格：GIS带断路器 4. 安装方式：户内 5. 防腐要求：补漆	台	2	
14	BA2103B12004	组合电器	1. 电压等级：220kV 2. 名称：SF_6封闭组合电器 母联间隔 3. 型号规格：GIS带断路器 4. 安装方式：户内 5. 防腐要求：补漆	台	2	
15	BA2103B12005	组合电器	1. 电压等级：220kV 2. 名称：SF_6封闭组合电器 分段间隔 3. 型号规格：GIS带断路器 4. 安装方式：户内 5. 防腐要求：补漆	台	1	
16	BA2103B12006	组合电器	1. 电压等级：220kV 2. 名称：SF_6封闭组合电器 母线设备用 3. 型号规格：GIS不带断路器 4. 安装方式：户内 5. 防腐要求：补漆	台	3	
17	BA2103B12007	组合电器	1. 电压等级：220kV 2. 名称：SF_6封闭组合电器 备用主变进线间隔 3. 型号规格：GIS不带断路器 4. 安装方式：户内 5. 防腐要求：补漆	台	1	
18	BA2103B12008	组合电器	1. 电压等级：220kV 2. 名称：SF_6封闭组合电器 备用电缆出线间隔 3. 型号规格：GIS不带断路器 4. 安装方式：户内 5. 防腐要求：补漆	台	4	
19	BA2103B12009	组合电器	1. 电压等级：220kV 2. 名称：SF_6封闭组合电器 备用架空出线间隔 3. 型号规格：GIS不带断路器 4. 安装方式：户内 5. 防腐要求：补漆	台	2	

序号	项目编码	项目名称	项 目 特 征	计量单位	工程量	备注
20	BA2103B12010	组合电器	1. 电压等级：220kV 2. 名称：GIS 主母线 3. 型号规格：252kV，4000A 4. 安装方式：户内 5. 防腐要求：补漆	m（三相）	72	
21	BA2103B12011	组合电器	1. 电压等级：220kV 2. 名称：SF$_6$ 全封闭组合电器进出线套管安装 3. 型号规格：252kV，4000A 4. 安装方式：户外 5. 防腐要求：补漆	个	12	
22	BA2103B18001	避雷器	1. 电压等级：220kV 2. 型号规格：氧化锌式避雷器 204/532W 3. 安装方式：户外 4. 其他：LGJ 300/25 导线及其配套金具	组	2	
23	BA2103D25001	铁构件	1. 名称：槽钢（固定避雷器在线监测仪用） 2. 型号规格：10 号槽钢 3. 用途：支持型钢 4. 防腐要求：热镀锌防腐	t	0.03	
	BA2104	2.1.4　110kV 屋内配电装置				
24	BA2104B12001	组合电器	1. 电压等级：110kV 2. 名称：SF$_6$ 全封闭组合电器 主变架空进线间隔 3. 型号规格：GIS 带断路器 4. 安装方式：户内 5. 防腐要求：补漆 6. 其他：2×LGJ-630/55 导线及其配套金具	台	2	
25	BA2104B12002	组合电器	1. 电压等级：110kV 2. 名称：SF$_6$ 全封闭组合电器 架空出线间隔 3. 型号规格：GIS 带断路器 4. 安装方式：户内 5. 防腐要求：补漆 6. 其他：LGJ-300/40 导线及其配套金具	台	4	
26	BA2104B12003	组合电器	1. 电压等级：110kV 2. 名称：SF$_6$ 全封闭组合电器 电缆出线间隔 3. 型号规格：GIS 带断路器 4. 安装方式：户内 5. 防腐要求：补漆	台	2	
27	BA2104B12004	组合电器	1. 电压等级：110kV 2. 名称：SF$_6$ 全封闭组合电器 母联间隔 3. 型号规格：GIS 带断路器 4. 安装方式：户内 5. 防腐要求：补漆	台	1	
28	BA2104B12005	组合电器	1. 电压等级：110kV 2. 名称：SF$_6$ 全封闭组合电器 母线 PT 间隔 3. 型号规格：GIS 不带断路器 4. 安装方式：户内 5. 防腐要求：补漆	台	2	

续表

序号	项目编码	项目名称	项目特征	计量单位	工程量	备注
29	BA2104B12006	组合电器	1. 电压等级：110kV 2. 名称：SF$_6$全封闭组合电器 备用主变进线间隔 3. 型号规格：GIS不带断路器 4. 安装方式：户内 5. 防腐要求：补漆	台	1	
30	BA2104B12007	组合电器	1. 电压等级：110kV 2. 名称：SF$_6$全封闭组合电器 备用电缆出线间隔 3. 型号规格：GIS不带断路器 4. 安装方式：户内 5. 防腐要求：补漆	台	6	

第 8 章
110kV A3－2 方案施工图预算、工程量清单

8.1 编制总说明

一、工程概况

1. 建设地址

冀北地区。

2. 安装工程

2.1 主变压器为三相三绕组有载调压变压器，本期建设 2×50MVA，远景规划 3×50MVA。

2.2 110kV 配电装置采用户内 GIS 组合电器，内桥接线，远景采用扩大内桥接线。本期建设 110V 电缆出线 1 回、110kV 架空出线 1 回（远景 2 回）。

2.3 35kV 配电装置采用气体绝缘式充气开关柜，单母线分段接线，远景采用单母线三分段接线。本期建设电缆出线 8 回（远景 12 回）。

2.4 10kV 配电装置采用金属铠装中置式开关柜，单母线分段接线，远景采用单母线四分段接线。本期建设电缆出线 16 回（远景 24 回）。

2.5 每台主变压器 10kV 侧本期及远期配置 2 组无功补偿装置，按照（3.6Mvar＋4.8Mvar）电容器配置。

2.6 本期布置 2 组 10kV 接地变消弧线圈成套装置（远期 3 组）。

3. 建筑工程

3.1 总平面布置以站内东西向主道路为主轴线，其南侧布置 110kV 配电装置楼，北侧布置主变压器。变电站大门设在站区西侧。

3.2 配电装置楼为单层建筑、钢框架结构，采用现浇钢筋桁架楼承板屋面板，采用钢筋混凝土独立基础；水泵房及附属房间也采用钢框架结构，现浇钢筋桁架楼承板屋面板，钢筋混凝独立基础。窗选用隔热铝合金窗，外加防盗网；门选用防火门。

3.3 建筑物外墙采用纤维水泥板外墙板。内墙采用纤维水泥板内墙板。外窗全部采用断桥铝合金窗，一层窗外加铝合金防盗网。外门采用钢防火盗门及铝合金节能门。卫生间采用防滑瓷砖地面、蓄电池室采用耐酸瓷砖地面，二次设备室采用防静电地板，其他房间采用自流平地面。配电装置楼屋面防水等级Ⅰ级，设置刚柔两道设防的防水保温屋面。

3.4 变电站围墙内用地面积 4371.00m²，总建筑面积 1180.19m²。

二、编制依据

1. 国家能源局《电网工程建设预算编制与计算规定（2018 年版）》。

2. Q/GDW 11337—2014《输变电工程工程量清单计价规范》、Q/GDW 11338—2014《变电工程工程量清单计算规范》、施工图设计文件及勘察设计文件、工程招标文件。

3. 国家能源局《电力建设工程预算定额（2018 年版）第一册 建筑工程（上册、下册）、第三册 电气设备安装工程、第五册 调试工程、第七册 通信工程》。

4. 装置性材料采用中电联《电力建设工程装置性材料预算价格（2018 年版）》、电网工程设备材料信息价 2022 年第二季度（总第 40 期）、地材价格按张家口市定额站发布 2022 年 7 月信息价调整。

5.《电力工程造价与定额管理总站关于发布电力工程计价依据营业税改征增值税估价表的通知》（定额〔2016〕45 号）。

6.《国网基建部关于印发输变电工程多维立体参考价（2022 年版）的通知》（基建技经〔2022〕6 号）。

7.《国家电网公司关于严格控制电网工程造价的通知》（国家电网基建〔2014〕85 号）。

8.《国家电网公司关于印发加强输变电工程其他费用管理意见的通知》（国家电网基建〔2013〕1434 号）。

9.《国家电网公司办公厅转发中电联关于落实〈国家发改委关于进一步放开建设项目专业服务价格的通知〉的指导意见的通知》（办基建〔2015〕100 号）。

10.《电力工程造价与定额管理总站关于发布 2018 版电力建设工程概预算定额价格水平调整的通知》（定额〔2022〕1 号）。

11. 国家电网有限公司电力建设定额站标准 GDGC－2021－01 号《35～750kV 输变电工程安装调试定额应用等 2 项指导意见（2021 年版）》。

12. 基本预备费根据国家能源局《电网工程建设预算编制与计算规定（2018 年版）》规定，按 1％计列。

13. 国网冀北电力有限公司相关文件《国网冀北电力有限公司关于加强电网建设属地协调管理工作的意见》（冀北电建设〔2019〕358 号）。

三、其他说明

1. 工程取费按照 110kV 新建工程、Ⅲ类取费。

2. 工程量计算依据图纸、设备材料清册和相关专业所提资料并结合有关规定标准计算统计。

3. 建设期贷款利息：贷款比例按静态投资的 80％计列，年利率（2022 年 8 月发布调整）为 4.37％。

4. 规费费率按河北省计列：养老保险费费率 16％；失业保险费费率 0.7％；医疗保险费费率 8.4％；生育保险费费率 0％；工伤保险费费率 1.2％；住房公积金费率 12％。

四、特别说明

1. 屋面卷材防水上翻部分高度图纸未说明，与设计沟通后按上翻 250mm 高度计算。

2. 室外管道清单组价时考虑土方费用（依据《国网冀北电力有限公司关于加强基建工程招标工程量清单及控制价编制管理的意见》）。

3. 考虑标准参考成果的通用性，施工图图纸的设计范围均不含站区场平土方、余土外运及施工水电部分，工程量清单和施工图预算编制口径保持一致。

4. 站内道路图纸要求：填方区范围内道路增加 500mm 厚砂石垫层；因填方区范围不确定，此预算不考虑此费用，仅在道路的清单项目特征里面做出说明。

5. 智能辅助控制系统包含火灾报警子系统、安全防护子系统、动环子系统、智能巡检子系统、智能锁控子系统等，现阶段按最新文件要求的设备尚无厂家成熟批量生产，工程量为参考相似工程，智能辅助控制系统按照施工单位配合厂家安装考虑（依据《国网冀北电力有限公司关于加强基建工程招标工程量清单及控制价编制管理的意见》），其中保护管按照施工单位采购、施工考虑。

6. 接地部分中：多股软铜芯电缆配套电缆鼻子，施工图设计深度未明，暂按照 10m 每根 2 个电缆鼻子考虑计列。

7. 甲乙供设备、材料的划分原则，参照"国家电网有限公司总部集中采购目录清单"及"国网冀北电力有限公司二级集中采购目录"中相关规定。

8.2 成果附录

本节展示 110kV A3－2 方案施工图预算编制、工程量清单编制部分成果，包括封面、编制说明、填表须知、变电站工程总预算表、建筑工程专业汇总预算表、安装工程专业汇总预算表、建筑分部分项工程量清单、安装分部分项工程量清单等，完整施工图预算、工程量清单见后附光盘。

8.2.1 施工图预算编制部分成果

110kV A3-2方案智能变电站模块化建设施工图通用设计 建安预算

预 算 书

施工图预算编制说明

1. 设计依据

1.1 初步设计资料及施工图阶段设计资料。

2. 工程造价控制情况分析

工程总投资：4509万元，其中，工程静态投资4447万元，单位造价450.9元/kVA。

3. 工程概况

3.1 建设地址

冀北地区。

3.2 安装工程

3.2.1 主变压器为三相三绕组有载调压变压器，本期建设2×50MVA，远景规划3×50MVA。

3.2.2 110kV配电装置采用户内GIS组合电器，内桥接线，远景采用扩大内桥接线。本期建设110V电缆出线1回、110kV架空出线1回（远景2回）。

3.2.3 35kV配电装置采用气体绝缘式充气开关柜，单母线分段接线，远景采用单母线三分段接线。本期建设电缆出线8回（远景12回）。

3.2.4 10kV配电装置采用金属铠装中置式开关柜，单母线分段接线，远景采用单母线四分段接线。本期建设电缆出线16回（远景24回）。

3.2.5 每台主变压器10kV侧本期及远期配置2组无功补偿装置，按照（3.6Mvar＋4.8Mvar）电容器配置。

3.2.6 本期布置2组10kV接地变消弧线圈成套装置（远期3组）。

3.3 建筑工程

3.3.1 总平面布置以站内东西向主道路为主轴线，其南侧布置110kV配电装置楼，北侧布置主变压器。变电站大门设在站区西侧。

3.3.2 配电装置楼为单层建筑、钢框架结构，采用现浇钢筋桁架楼承板屋面板，采用钢筋混凝土独立基础；水泵房及附属房间也采用钢框架结构，现浇钢筋桁架楼承板屋面板，钢筋混凝独立基础。窗选用隔热铝合金窗，外加防盗网；门选用防火门。

3.3.3 建筑物外墙采用纤维水泥板外墙板。内墙采用纤维水泥板内墙板。外窗全部采用断桥铝合金窗，一层窗外加铝合金防盗网。外门采用钢防火盗门及铝合金节能门。卫生间采用防滑瓷砖地面、蓄电池室采用耐酸瓷砖地面，二次设备室采用防静电地板，其他房间采用自流平地面。配电装置楼屋面防水等级Ⅰ级，设置刚柔两道设防的防水保温屋面。

3.3.4 变电站围墙内用地面积 4371.00m²，总建筑面积 1180.19m²。

4. 编制依据

4.1 国家能源局《电网工程建设预算编制与计算规定（2018 年版）》。

4.2 Q/GDW 11337—2014《输变电工程工程量清单计价规范》、Q/GDW 11338—2014《变电工程工程量清单计算规范》、施工图设计文件及勘察设计文件、工程招标文件。

4.3 国家能源局《电力建设工程预算定额（2018 年版） 第一册 建筑工程（上册、下册）、第二册 电气设备安装工程、第五册 调试工程、第七册 通信工程》。

4.4 装置性材料采用中电联《电力建设工程装置性材料预算价格（2018 年版）》、电网工程设备材料信息价 2022 年第二季度（总第 40 期）、地材价格按张家口市定额站发布 2022 年 7 月份信息价调整。

4.5 《电力工程造价与定额管理总站关于发布电力工程计价依据营业税改征增值税估价表的通知》（定额〔2016〕45 号）。

4.6 《国网基建部关于印发输变电工程多维立体参考价（2022 年版）的通知》（基建技经〔2022〕6 号）。

4.7 《国家电网公司关于严格控制电网工程造价的通知》（国家电网基建〔2014〕85 号）。

4.8 《国家电网公司关于印发加强输变电工程其他费用管理意见的通知》（国家电网基建〔2013〕1434 号）。

4.9 《国家电网公司办公厅转发中电联关于落实〈国家发改委关于进一步放开建设项目专业服务价格的通知〉的指导意见的通知》（办基建〔2015〕100 号）。

4.10 《电力工程造价与定额管理总站关于发布 2018 版电力建设工程概预算定额价格水平调整的通知》（定额〔2022〕1 号）。

4.11 国家电网有限公司电力建设定额站标准 GDGC-2021-01 号《35～750kV 输变电工程安装调试定额应用等 2 项指导意见（2021 年版）》。

4.12 基本预备费根据国家能源局《电网工程建设预算编制与计算规定（2018 年版）》规定，按 1% 计列。

4.13 国网冀北电力有限公司相关文件《国网冀北电力有限公司关于加强电网建设属地协调管理工作的意见》（冀北电建设〔2019〕358 号）。

5. 编制方法

5.1 工程取费按照 110kV 新建工程、Ⅲ类取费。

5.2 工程量计算依据图纸、设备材料清册和相关专业所提资料并结合有关规定标准计算统计。

5.3 建设期贷款利息：贷款比例按静态投资的 80% 计列，年利率（2022 年 8 月发布调整）为 4.37%。

5.4 规费费率按河北省张家口市计列：养老保险费费率 16%；失业保险费费率 0.7%；医疗保险费费率 8.4%；生育保险费费率 0；工伤保险费费率 1.2%；住房公积金费率 12%。

6. 编制特殊说明

6.1 屋面卷材防水上翻部分高度图纸未说明，与设计沟通后按上翻 250mm 高度计算。

6.2 室外管道清单组价时考虑土方费用（依据《国网冀北电力有限公司关于加强基建工程招标工程量清单及控制价编制管理的意见》）。

6.3 考虑标准参考成果的通用性，施工图图纸的设计范围均不含站区场平土方、余土外运及施工水电部分，工程量清单和施工图预算编制口径保持一致。

6.4 站内道路图纸要求：填方区范围内道路增加 500mm 厚砂石垫层；因填方区范围不确定，此预算不考虑此费用，仅在道路的清单项目特征里面做出说明。

6.5 智能辅助控制系统包含：火灾报警子系统、安全防护子系统、动环子系统、智能巡检子系统、智能锁控子系统等，其中智能巡检子系统和智能锁控子系统为估算工程量，智能辅助控制系统按照施工单位配合厂家安装考虑（依据《国网冀北电力有限公司关于加强基建工程招标工程量清单及控制价编制管理的意见》），其中保护管按照施工单位采购、施工考虑。

6.6　接地部分：多股软铜芯电缆配套电缆鼻子，施工图设计深度未明，暂按10m每根2个电缆鼻子考虑计列。

6.7　甲乙供设备、材料的划分原则，参照"国家电网有限公司总部集中采购目录清单"及"国网冀北电力有限公司二级集中采购目录"相关规定。

表8－1　　　　　　　　　　　　　　**变电站工程总预算表**

工程名称：110kV A3－2方案智能变电站模块化建设施工图通用设计　　　　　金额单位：万元

序　号	工程或费用名称	金　额	各项占静态投资比例/%	单位投资/(元/kVA)
一	建筑工程费	1342	30.18	134.2
1	主要生产工程	1143	25.70	114.3
2	辅助生产工程	180	4.05	18.0
3	与站址有关的单项工程	19	0.43	1.9
二	安装工程费	693	15.58	69.3
1	主要生产工程	687	15.45	68.7
2	与站址有关的单项工程	6	0.13	0.6
三	设备购置费	2324	52.26	232.4
四	其他费用	44	0.99	4.4
五	基本预备费	44	0.99	4.4
六	特殊项目费用			
	工程静态投资	4447	100	444.7
七	动态费用	62		
1	价差预备费			
2	建设期贷款利息	62		
	项目建设总费用（动态投资）	4509		
	其中：生产期可抵扣的增值税	442		

表8－2　　　　　　　　　　　　　　**建筑工程专业汇总预算表**

工程名称：110kV A3－2方案智能变电站模块化建设施工图通用设计　　　　　金额单位：元

序号	项目或费用名称	建筑工程							技术经济指标		
		建筑设备费	分部分项工程费	措施项目费（一）	措施项目费（二）	规费	税金	合计	单位	数量	指标
	建筑工程	431715	11005148	470617		426338	1084635	13418454			
一	主要生产工程	397471	9365166	392254		355348	923145	11433384			
1	主要生产建筑	246699	6986791	264548		239657	674190	8411884			
1.4	配电装置室	246699	6986791	264548		239657	674190	8411884			
2	配电装置建筑		997941	55742		50498	99376	1203558			
2.1	主变压器系统		338734	20847		18885	34062	412527	元/台		
2.9	避雷针塔		137961	6501		5889	13532	163883	元/座		
2.10	电缆沟道		382021	22249		20155	38198	462623	元/m		

续表

序号	项目或费用名称	建 筑 工 程							技术经济指标		
		建筑设备费	分部分项工程费	措施项目费（一）	措施项目费（二）	规费	税金	合计	单位	数量	指标
2.11	栅栏及地坪		139226	6146		5568	13585	164524	元/m²		
3	供水系统建筑	150772	1204230	64059		58032	132365	1609459			
3.1	站区供水管道		16401	969		878	1642	19891	元/m		
3.2	综合水泵房	150772	483051	22461		20348	60323	736955	元/m²		
3.3	蓄水池		704778	40629		36806	70399	852613	元/座		
4	消防系统		176204	7905		7161	17214	208484			
4.3	站区消防管道		127599	7905		7161	12840	155504	元/m		
4.4	消防器材		48605				4374	52979			
二	辅助生产工程	34244	1481008	72184		65392	146123	1798952			
1	辅助生产建筑	29244	444430	16886		15297	42895	548752			
1.2	警卫室	29244	444430	16886		15297	42895	548752			
2	站区性建筑	5000	959233	51386		46552	95595	1157767	元/m²		
2.2	站区道路及广场		395212	18972		17187	38823	470194	元/m²		
2.3	站区排水	5000	203904	11662		10565	20802	251933			
2.4	围墙及大门		360117	20752		18800	35970	435639	元/m		
3	特殊构筑费		77345	3912		3544	7632	92433			
3.2	防洪排水沟		77345	3912		3544	7632	92433			
三	与站址有关的单项工程		158974	6179		5598	15368	186118			
1	地基处理		158974	6179		5598	15368	186118	元/m³		
	合计	431715	11005148	470617		426338	1084635	13418454			

表8-3　　　　　　　　　　　　安装工程专业汇总预算表

工程名称：110kV A3-2方案智能变电站模块化建设施工图通用设计　　　　　　　　　　金额单位：元

序号	项目或费用名称	设备购置费	安 装 工 程				施工企业配合调试费	规费	税金	合计	技术经济指标		
			分部分项工程费		措施项目费（一）	措施项目费（二）					单位	数量	指标
			小计	其中：装置性材料费									
	安装工程	23244170	3649611	2676569	427890	62550	25998	434666	408435	6933501			
一	主要生产工程	23244170	3649611	2676569	427890		25998	434666	408435	6870951			
1	主变压器系统	5740826	194429	426960	24629		2055	17625	21486	654142	元/kVA		
1.5	110kV主变压器	5740826	194429	426960	24629		2055	17625	21486	654142			
2	配电装置	12508966	309378	21390	44042		3886	48832	36553	460204	元/kVA		
2.1	屋内配电装置	12508966	309378	21390	44042		3886	48832	36553	460204			
2.1.4	110kV屋内配电装置	4810049	160272	1433	22827		2021	25745	18978	229843			
2.1.6	35kV屋内配电装置	4635422	78651	6480	11031		988	12033	9243	116950			

序号	项目或费用名称	设备购置费	安装工程 分部分项工程费 小计	其中:装置性材料费	措施项目费(一)	措施项目费(二)	施工企业配合调试费	规费	税金	合计	单位	数量	指标
2.1.8	10kV屋内配电装置	3063495	70455	13476	10184		877	11055	8331	113411			
3	无功补偿	534113	60067	21287	5735		488	6055	6511	78855			
3.3	低压电容器	534113	60067	21287	5735		488	6055	6511	78855			
3.3.5	10kV电容器	534113	60067	21287	5735		488	6055	6511	78855	元/kVar		
4	控制及直流系统	2908015	485915	16905	72314		5677	87587	58634	710128	元/kVA		
4.1	计算机监控系统	1660543	228174		33983		2831	40098	27458	332543			
4.1.1	计算机监控系统	1455115	114655		18837		1316	24587	14346	173741			
4.1.2	智能设备	104728	108218		14584		1435	15154	12545	151937			
4.1.3	同步时钟	100700	5301		561		80	357	567	6865			
4.2	继电保护	230402	94798		15620		1085	20443	11875	143821			
4.3	直流系统及不间断电源	261820	18849		2658		243	2937	2222	26909			
4.4	智能辅助控制系统	604200	133482	16905	18626		1377	22631	15850	191967			
4.5	在线监测系统	151050	10612		1427		141	1478	1229	14887			
5	站用电系统	618902	108259	68275	9296		636	8614	11412	152841	元/kVA		
5.1	站用变压器	528272	18353		2659		232	3038	2185	26468			
5.2	站用配电装置	90630	4416		697		52	875	544	6584			
5.3	站区照明		85489	68275	5940		351	4701	8683	119789			
6	电缆及接地	88092	1623844	2086719	176624		12082	147719	176424	3631508			
6.1	全站电缆	88092	987924	1695228	132350		9422	99102	110592	2834205			
6.1.1	电力电缆	12084	410650	1262685	65135		5257	26798	45706	1816230	元/m		
6.1.2	控制电缆	76008	194421	232131	32395		2275	33157	23602	517982	元/m		
6.1.3	电缆辅助设施		284776	152775	24925		1388	27069	30434	368592			
6.1.4	电缆防火		98076	47637	9895		502	12078	10850	131401			
6.2	全站接地		635920	391491	44274		2660	48617	65832	797304	元/m		
7	通信及远动系统	845256	134064	35033	17157		1173	20647	15574	192097	元/kVA		
7.1	通信系统	618681	92453	35033	10387		692	11889	10388	129291			
7.2	远动及计费系统	226575	41611		6771		482	8757	5186	62806			
8	全站调试		733655		78093			97587	81840	991175	元/kVA		
8.1	分系统调试		163294		23324			35154	19959	241732			
8.2	整套启动调试		16975		2499			3823	2097	25393			
8.3	特殊调试		553386		52270			58611	59784	724051			
	措施项目					62550				62550			
	合计	23244170	3649611	2676569	427890	62550	25998	434666	408435	6933501			

8.2.2 工程量清单编制部分成果

110kV A3-2方案智能变电站
模块化建设施工图通用设计　　工程

招 标 工 程 量 清 单

招　标　人：＿＿＿＿＿＿＿＿＿
　　　　　　（单位盖章）

法定代表人
或其授权人：＿＿＿＿＿＿＿＿＿
　　　　　　（签字或盖章）

工程造价
咨　询　人：＿＿＿＿＿＿＿＿＿
　　　　　　（单位资质专用章）

法定代表人
或其授权人：＿＿＿＿＿＿＿＿＿
　　　　　　（签字或盖章）

编　制　人：＿＿＿＿＿＿＿＿＿
　　　　　　（签字、盖执业专用章）

复　核　人：＿＿＿＿＿＿＿＿＿
　　　　　　（签字、盖执业专用章）

编制时间：

复核时间：

填 表 须 知

1　工程量清单应由具有编制招标文件能力的招标人、受其委托具有相应资质的电力工程造价咨询人或招标代理人进行编制。

2　招标人提供的工程量清单的任何内容不应删除或涂改。

3　工程量清单格式的填写应符合下列规定：

3.1　工程量清单中所有要求签字、盖章的地方，应由规定的单位和人员签字、盖章。

3.2　总说明应按下列内容填写：

3.2.1　工程概况应包括工程建设性质、本期容量、规划容量、电气主接线、配电装置、补偿装置、设计单位、建设地点、线路（电缆）亘长、回路数、起止塔（杆）号、设计气象条件、沿线地形比例、沿线地质条件、杆塔类型与数量、导线型号规格（电缆型号规格）、地形型号规格、光缆型号规格、电缆敷设方式等内容。

3.2.2　其他说明应按如下内容填写：

a)　工程招标和分包范围；

b)　工程量清单编制依据；

c)　工程质量、材料等要求；

d)　施工特殊要求；

e)　交通运输情况、健康环境保护和安全文明施工；

f)　其他需要说明的内容。

3.3　分部分项工程量清单、措施项目清单（二）按序号、项目编码、项目名称、项目特征、计量单位、工程量、备注等内容填写。

3.4　措施项目清单（一）按序号、项目名称等内容填写。

3.5　其他项目清单按序号、项目名称等内容填写。

3.6　规费、税金项目清单按序号、项目名称等内容填写。

3.7　投标人采购材料（设备）表按序号、材料（设备）名称、型号规格、计量单位、数量、单价等内容填写。

3.8　招标人采购材料（设备）表按序号、材料（设备）、型号规格、计量单位、数量、单价、交货地点及方式等内容填写。

4　如有需要说明其他事项可增加条款。

总 说 明

工程名称：110kV A3-2方案智能变电站模块化建设施工图通用设计

工程名称	110kV A3-2方案智能变电站模块化建设施工图通用设计	建设性质	新建
设计单位		建设地点	河北张家口

<table>
<tr><td rowspan="1">工程概况</td><td colspan="3">

1. 安装工程

1.1 主变压器为三相三绕组有载调压变压器，本期建设2×50MVA，远景规划3×50MVA。

1.2 110kV配电装置采用户内GIS组合电器，内桥接线，远景采用扩大内桥接线。本期建设110V电缆出线1回、110kV架空出线1回（远景2回）。

1.3 35kV配电装置采用气体绝缘式充气开关柜，单母线分段接线，远景采用单母线三分段接线。本期建设电缆出线8回（远景12回）。

1.4 10kV配电装置采用金属铠装中置式开关柜，单母线分段接线，远景采用单母线四分段接线。本期建设电缆出线16回（远景24回）。

1.5 每台主变压器10kV侧本期及远期配置2组无功补偿装置，按照（3.6Mvar+4.8Mvar）电容器配置。

1.6 本期布置2组10kV接地变消弧线圈成套装置（远期3组）。

2. 建筑工程

2.1 总平面布置以站内东西向主道路为主轴线，其南侧布置110kV配电装置楼，北侧布置主变压器。变电站大门设在站区西侧。

2.2 配电装置楼为单层建筑、钢框架结构，采用现浇钢筋桁架楼承板屋面板，采用钢筋混凝土独立基础；水泵房及附属房间也采用钢框架结构，现浇钢筋桁架楼承板屋面板，钢筋混凝独立基础。窗选用隔热铝合金窗，外加防盗网；门选用防火门。

2.3 建筑物外墙采用纤维水泥板外墙板。内墙采用纤维水泥板内墙板。外窗全部采用断桥铝合金窗，一层窗外加铝合金防盗网。外门采用钢防火盗门及铝合金节能门。卫生间采用防滑瓷砖地面、蓄电池室采用耐酸瓷砖地面，二次设备室采用防静电地板，其他房间采用自流平地面。配电装置楼屋面防水等级Ⅰ级，设置刚柔两道设防的防水保温屋面。

2.4 变电站围墙内用地面积4371.00m²，总建筑面积1180.19m²。

</td></tr>
<tr><td rowspan="1">其他说明</td><td colspan="3">

1. 国家能源局《电网工程建设预算编制与计算规定（2018年版）》。

2. Q/GDW 11337—2014《输变电工程工程量清单计价规范》、Q/GDW 11338—2014《变电工程工程量清单计算规范》、施工图设计文件及勘察设计文件、工程招标文件。

3. 国家能源局《电力建设工程预算定额（2018年版）第一册 建筑工程（上册、下册）、第三册 电气设备安装工程、第五册 调试工程、第七册 通信工程》。

4. 装置性材料采用中电联《电力建设工程装置性材料预算价格（2018年版）》、电网工程设备材料信息价2022年第二季度（总第40期）、地材价格按张家口市定额站发布2022年7月信息价调整。

5. 《电力工程造价与定额管理总站关于发布电力工程计价依据营业税改增值税估价表的通知》（定额〔2016〕45号）。

6. 《国网基建部关于印发输变电工程多维立体参考价（2022年版）的通知》（基建技经〔2022〕6号）。

7. 《国家电网公司关于严格控制电网工程造价的通知》（国家电网基建〔2014〕85号）。

8. 《国家电网公司关于印发加强输变电工程其他费用管理意见的通知》（国家电网基建〔2013〕1434号）。

9. 《国家电网公司办公厅转发中电联关于落实〈国家发改委关于进一步放开建设项目专业服务价格的通知〉的指导意见的通知》（办基建〔2015〕100号）。

10. 《电力工程造价与定额管理总站关于发布2018版电力建设工程概预算定额价格水平调整的通知》（定额〔2022〕1号）。

11. 国家电网有限公司电力建设定额站标准GDGC-2021-01号《35～750kV输变电工程安装调试定额应用等2项指导意见（2021年版）》。

12. 国网冀北电力有限公司相关文件《国网冀北电力有限公司关于加强电网建设属地协调管理工作的意见》（冀北电 建设〔2019〕358号）。

</td></tr>
</table>

建筑分部分项工程量清单

工程名称：110kV A3－2 方案智能变电站模块化建设施工图通用设计

序号	项目编码	项目名称	项目特征	计量单位	工程量	备注
		变电站建筑工程				
		一 主要生产工程				
		1 主要生产建筑				
		1.4 配电装置室				
	BT1404	1.4.4 110kV 配电装置室				
	BT140401	1.4.4.1 一般土建				
1	BT1404A13001	挖坑槽土方	1. 土壤类别：普土 2. 挖土深度：4m 以内 3. 回填：夯填 3∶7 灰土	m³	3061.59	
2	BT1404B12001	独立基础	1. 垫层种类、混凝土强度等级、厚度：素混凝土 C15 100mm 2. 基础混凝土种类、混凝土强度等级：钢筋混凝土 C30	m³	146.39	
3	BT1404G12001	钢筋混凝土基础梁	1. 混凝土强度等级：C30 2. 结构形式：现浇 3. 垫层种类、混凝土强度等级、厚度：素混凝土 C15 100mm	m³	17.95	
4	BT1404G13001	钢筋混凝土柱	1. 混凝土强度等级：C30 2. 结构形式：现浇	m³	43.08	
5	BT1404B11001	条型基础	1. 圈梁混凝土等级：C30 2. 砌体种类、规格：非黏土砖 M10 水泥砂浆砌筑	m³	66.73	
6	BT1404B11002	条型基础	1. 垫层种类、混凝土强度等级、厚度：素混凝土 C15 100mm 2. 基础混凝土种类、混凝土强度等级：C30	m³	26.65	
7	BT1404G21001	混凝土零星构件	1. 混凝土强度等级：C35 2. 结构形式：钢筋混凝土柱脚保护帽	m³	6.72	
8	BT1404G21002	混凝土零星构件	1. 混凝土强度等级：C35 2. 混凝土种类：混凝土二次灌浆	m³	1.62	
9	BT1404G25001	预埋化学螺栓	规格：M24、M30	t	1.883	
10	BT1404H13001	钢柱	1. 品种：钢柱 2. 规格：综合考虑 3. 备注：出屋面柱设置止水环、附柱地锚等	t	59.204	
11	BT1404H16001	钢支撑	1. 部位：屋面钢支撑 2. 规格：综合考虑	t	0.341	
12	BT1404H14001	钢梁	1. 品种：钢梁 2. 规格：综合考虑 3. 备注：附梁吊钩等	t	62.617	
13	BT1404H22001	钢结构防腐	1. 防腐要求：环氧富锌底漆 75μm，环氧云铁中间漆 110μm，氟碳金属面漆 100μm 2. 除锈等级：Sa2.5	t	122.162	
14	BT1404H21001	钢结构防火	1. 防火要求：耐火极限 1.5h 2. 涂料种类、涂刷遍数：防火涂料	t	62.617	
15	BT1404H21002	钢结构防火	1. 防火要求：耐火极限 2.5h 2. 涂料种类、涂刷遍数：防火涂料	t	59.204	

序号	项目编码	项目名称	项 目 特 征	计量单位	工程量	备注
16	BT1404H21003	钢结构防火	1. 部位：压型钢板底模防火 2. 防火要求：耐火极限 1h 3. 涂料种类、涂刷遍数：防火涂料	t	4.107	
17	BT1404G18001	混凝土墙	1. 墙类型：女儿墙 2. 墙厚度：120mm 3. 混凝土强度等级：C30	m³	19.16	
18	BT1404G19001	钢筋混凝土板	1. 混凝土强度等级：C30 2. 结构形式：现浇 3. 其他：钢筋桁架楼承板	m³	128.06	
19	BT1404H18001	其他钢结构	1. 品种、规格：钢爬梯及护笼 2. 防腐种类：镀锌	t	0.886	
20	（补）BT1404B002	雨棚	1. 雨棚做法：双层钢化夹层玻璃雨棚 2. 备注：含挑梁等支撑及埋件	m²	51.03	
21	BT1404F11001	门	1. 门类型：乙级钢制防火门 2. 备注：所有防火门设置可以从里面打开的弹簧锁，卫生间门设置闭门器	m²	84.36	
22	BT1404F12001	窗	1. 窗类型：断桥铝合金窗 2. 有无纱扇：不锈钢纱纱扇 3. 玻璃品种、厚度，五金特殊要求：中空玻璃 4. 窗套、窗台板材质及要求：花岗岩窗台板 5. 有无防盗窗：一层窗加不锈钢防盗网	m²	15.75	
23	BT1404F12002	窗	1. 窗类型：消防救援窗 2. 玻璃品种、厚度，五金特殊要求：中空玻璃 3. 窗套、窗台板材质及要求：花岗岩窗台板 4. 有无防盗窗：无防盗窗	m²	11.25	
24	BT1404F12003	窗	窗类型：钢制百叶窗	m²	6.64	
25	BT1404E11001	金属墙板	1. 墙板材质、厚度：纤维水泥饰面板 26mm＋轻质条板 150mm＋纤维水泥饰面板 6mm 2. 备注：含墙体龙骨	m²	1777.86	
26	BT1404E15001	隔（断）墙	1. 隔板材料品种、规格、品牌、颜色：纤维水泥饰面板 6mm＋轻质条板 150mm＋纤维水泥饰面板 6mm 2. 备注：含龙骨	m²	384.6	
27	BT1404E18001	外墙面装饰	面层材料品种、规格：墙面砖	m²	61.14	
28	BT1404E24001	墙面保温	1. 保温类型及材质：岩棉保温层 50mm 2. 找平层材质、厚度、强度等级：1：3 水泥砂浆 8mm 3. 保护层材质、厚度、强度等级：聚合物抗裂砂浆 5mm，耐碱网格布	m²	61.14	
29	BT1404E19001	内墙面装饰	1. 面层材料品种、规格：防腐蚀涂料，满刮腻子两遍 2. 防潮：两道聚合物水泥基复合防水涂料 3. 基层：玻纤网格布	m²	62.13	
30	BT1404C14001	台阶	1. 台阶材质、混凝土强度等级：混凝土 C25 2. 面层材质、厚度、标号、配合比：剁斧石防滑花岗岩 3. 垫层材质、厚度、强度等级：砾石灌 M2.5 混合砂浆 300mm	m²	15.12	

安装分部分项工程量清单

工程名称：110kV A3－2 方案智能变电站模块化建设施工图通用设计

序号	项目编码	项目名称	项目特征	计量单位	工程量	备注
		变电站安装工程				
		一　主要生产工程				
		1　主变压器系统				
	BA1601	1.5　110kV 主变压器				
1	BA1601A11001	变压器	1. 电压等级：110kV 2. 名称：三相三绕组有载调压变压器 3. 型号规格、容量：SSZ11－50000/110 4. 安装方式：户外 5. 防腐要求：补漆 6. 其他：含设备连接线 JL/G1A－300/40 及金具等	台	2	
2	BA1601B27001	中性点接地成套设备	1. 电压等级：110kV 2. 型号规格：高压中性点成套装置 3. 安装方式：户外 4. 其他：含设备连接线 JL/G1A－240/30 及金具等	套	2	
3	BA1601B18001	避雷器	1. 电压等级：35kV 2. 型号规格：HY5WZ－51/134 3. 安装方式：户外 4. 其他：含设备连接线 TMY－30×4	组	2	
4	BA1601C16001	带形母线	1. 电压等级：35kV 2. 单片母线型号规格：TMY－80×10 3. 每相片数：每相一片 4. 绝缘热缩材料类型、规格：配套 TMY－80×10 用	m	120	
5	BA1601C12001	支柱绝缘子	1. 电压等级：35kV 2. 型号规格：ZSW－40.5/12.5 3. 安装方式：户外	个	24	
6	BA1601C16002	带形母线	1. 电压等级：10kV 2. 单片母线型号规格：TMY－125×10 3. 每相片数：每相 2 片 4. 绝缘热缩材料类型、规格：绝缘热缩套 TMY－125×10mm²	m	60	
7	BA1601C12002	支柱绝缘子	1. 电压等级：20kV 2. 型号规格：ZSW－24/12.5 3. 安装方式：户外	个	30	
8	BA1601B18002	避雷器	1. 电压等级：20kV 2. 型号规格：HY5WZ－17/45 3. 安装方式：户外 4. 其他：含设备连接线 TMY－30×4	组	2	
		2　配电装置				
		2.1　屋内配电装置				
	BA2104	2.1.4　110kV 屋内配电装置				
9	BA2104B12001	组合电器	1. 电压等级：110kV 2. 名称：SF₆ 气体绝缘全密封（GIS）电缆出线 3. 型号规格：GIS 带断路器 4. 安装方式：户内	台	1	

序号	项目编码	项目名称	项目特征	计量单位	工程量	备注
10	BA2104B12002	组合电器	1. 电压等级：110kV 2. 名称：SF$_6$ 气体绝缘全密封（GIS）架空出线 3. 型号规格：GIS 带断路器 4. 安装方式：户内	台	1	
11	BA2104B12003	组合电器	1. 电压等级：110kV 2. 名称：SF$_6$ 气体绝缘全密封（GIS）主变进线间隔 3. 型号规格：GIS 带断路器 4. 安装方式：户内	台	2	
12	BA2104B12004	组合电器	1. 电压等级：110kV 2. 名称：SF$_6$ 气体绝缘全密封（GIS）桥分段间隔 3. 型号规格：GIS 带断路器 4. 安装方式：户内	台	1	
13	BA2104B12005	组合电器	1. 电压等级：110kV 2. 名称：SF$_6$ 气体绝缘全密封（GIS）母线设备间隔 3. 型号规格：GIS 不带断路器 4. 安装方式：户内	台	2	
14	BA2104B12006	组合电器	1. 电压等级：110kV 2. 名称：SF$_6$ 全封闭组合电器（GIS）主母线安装 3. 安装方式：户内	m（三相）	8	
15	BA2104B12007	组合电器	1. 电压等级：110kV 2. 名称：SF$_6$ 全封闭组合电器进出线套管安装	个	3	
16	BA2104B18001	避雷器	1. 电压等级：110kV 2. 型号规格：Y10WZ－102/266 3. 安装方式：户内 4. 其他：含设备连接线 TMY－30×4 配绝缘护套，接避雷器在线监测仪软铜绞线 120mm^2	组	1	
	BA2106	2.1.6　35kV 屋内配电装置				
17	BA2106B26001	成套高压配电柜	1. 电压等级：35kV 2. 型号规格：真空断路器柜（主变进线开关柜）	台	2	
18	BA2106B26002	成套高压配电柜	1. 电压等级：35kV 2. 型号规格：真空断路器柜（出线开关柜）	台	8	
19	BA2106B26003	成套高压配电柜	1. 电压等级：35kV 2. 型号规格：真空断路器柜（分段开关柜）	台	1	
20	BA2106B26004	成套高压配电柜	1. 电压等级：35kV 2. 型号规格：其他电气柜（分段隔离开关柜）	台	2	
21	BA2106B26005	成套高压配电柜	1. 电压等级：35kV 2. 型号规格：电压互感器避雷器柜（母线设备开关柜）	台	2	
22	BA2106C19001	共箱母线	1. 电压等级：35kV 2. 型号规格：AC 35kV　1250A 单相	m	70	
23	BA2106C13001	穿墙套管	1. 电压等级：35kV 2. 型号规格：CWW－40.5/1250 3. 安装方式：水平 4. 穿通板材质、结构：钢穿通板	个	6	
	BA2108	2.1.8　10kV 屋内配电装置				

续表

序号	项目编码	项目名称	项 目 特 征	计量单位	工程量	备注
24	BA2108B26001	成套高压配电柜	1. 电压等级：10kV 2. 型号规格：真空断路器柜（进线开关柜）	台	2	
25	BA2108B26002	成套高压配电柜	1. 电压等级：10kV 2. 型号规格：其他电气柜（进线隔离开关柜）	台	2	
26	BA2108B26003	成套高压配电柜	1. 电压等级：10kV 2. 型号规格：真空断路器柜（分段开关柜）	台	1	
27	BA2108B26004	成套高压配电柜	1. 电压等级：10kV 2. 型号规格：其他电气柜（分段隔离开关柜）	台	2	
28	BA2108B26005	成套高压配电柜	1. 电压等级：10kV 2. 型号规格：真空断路器柜（馈线开关柜）	台	16	
29	BA2108B26006	成套高压配电柜	1. 电压等级：10kV 2. 型号规格：电压互感器避雷器柜（母线设备开关柜）	台	2	
30	BA2108B26007	成套高压配电柜	1. 电压等级：10kV 2. 型号规格：电容器柜（电容器开关柜）	台	4	

第9章
110kV A3－3方案施工图预算、工程量清单

9.1 编制总说明

一、工程概况

1. 建设地址

冀北地区。

2. 安装工程

2.1 主变压器为三相双绕组有载调压变压器，本期建设2×50MVA，远景规划3×50MVA。

2.2 110kV配电装置采用户内GIS组合电器，内桥接线，远景采用扩大内桥接线。本期建设110V电缆出线2回（远景电缆出线3回）。

2.3 10kV配电装置采用金属铠装中置式开关柜，单母线分段接线，远景采用单母线四分段接线。本期建设电缆出线24回（远景36回）。

2.4 每台主变压器10kV侧本期及远期配置2组无功补偿装置，按照（3.6Mvar＋4.8Mvar）电容器配置。

2.5 本期布置2组10kV接地变消弧线圈成套装置。

3. 建筑工程

3.1 总平面布置：110kV配电装置楼位于中部，其北侧布置主变压器，主道路环绕110kV配电装置楼布置，变电站大门设在站区西侧。

3.2 配电装置楼为单层建筑、钢框架结构，采用现浇钢筋桁架楼承板屋面板，采用钢筋混凝土独立基础；水泵房及附属房间也采用钢框架结构，现浇钢筋桁架楼承板屋面板，钢筋混凝独立基础。窗选用隔热铝合金窗，外加防盗网；门选用防火门。

3.3 建筑物外墙采用纤维水泥板外墙板。内墙采用纤维水泥板内墙板。外窗全部采用断桥铝合金窗，一层窗外加铝合金防盗网。外门采用钢防火盗门及铝合金节能门。卫生间采用防滑瓷砖地面、蓄电池室采用耐酸瓷砖地面，二次设备室采用防静电地板，其他房间采用自流平地面。配电装置楼屋面防水等级Ⅰ级，设置刚柔两道设防的防水保温屋面。

3.4 变电站围墙内用地面积3524.00m²，总建筑面积919.22m²。

二、编制依据

1. 国家能源局《电网工程建设预算编制与计算规定（2018年版）》。

2. Q/GDW 11337—2014《输变电工程工程量清单计价规范》、Q/GDW 11338—2014《变电工程工程量清单计算规范》、施工图设计文件及勘察设计文件、工程招标文件。

3. 国家能源局《电力建设工程预算定额（2018年版）第一册 建筑工程（上册、下册）、第三册 电气设备安装工程、第五册 调试工程、第七册 通信工程》。

4. 装置性材料采用中电联《电力建设工程装置性材料预算价格（2018年版）》、电网工程设备材料信息价2022年第二季度（总第40期）、地材价格按张家口市定额站发布2022年7月信息价调整。

5.《电力工程造价与定额管理总站关于发布电力工程计价依据营业税改征增值税估价表的通知》（定额〔2016〕45号）。

6.《国网基建部关于印发输变电工程多维立体参考价（2022 年版）的通知》（基建技经〔2022〕6 号）。

7.《国家电网公司关于严格控制电网工程造价的通知》（国家电网基建〔2014〕85 号）。

8.《国家电网公司关于印发加强输变电工程其他费用管理意见的通知》（国家电网基建〔2013〕1434 号）。

9.《国家电网公司办公厅转发中电联关于落实〈国家发改委关于进一步放开建设项目专业服务价格的通知〉的指导意见的通知》（办基建〔2015〕100 号）。

10.《电力工程造价与定额管理总站关于发布 2018 版电力建设工程概预算定额 2021 年度价格水平调整的通知》（定额〔2022〕1 号）。

11. 国家电网有限公司电力建设定额站标准 GDGC-2021-01 号《35~750kV 输变电工程安装调试定额应用等 2 项指导意见（2021 年版）》。

12. 基本预备费根据国家能源局《电网工程建设预算编制与计算规定（2018 年版）》规定，按 1% 计列。

13. 国网冀北电力有限公司相关文件《国网冀北电力有限公司关于加强电网建设属地协调管理工作的意见》（冀北电建设〔2019〕358 号）。

三、其他说明

1. 工程取费按照 110kV 新建工程、Ⅲ类取费。

2. 工程量计算依据图纸、设备材料清册和相关专业所提资料并结合有关规定标准计算统计。

3. 建设期贷款利息：贷款比例按静态投资的 80% 计列，年利率（2022 年 8 月发布调整）为 4.37%。

4. 规费费率按河北省计列：养老保险费费率 16%；失业保险费费率 0.7%；医疗保险费费率 8.4%；生育保险费费率 0%；工伤保险费费率 1.2%；住房公积金费率 12%。

四、特别说明

1. 屋面卷材防水上翻部分高度图纸未说明，与设计沟通后按上翻 250mm 高度计算。

2. 室外管道清单组价时考虑土方费用（依据《国网冀北电力有限公司关于加强基建工程招标工程量清单及控制价编制管理的意见》）。

3. 考虑标准参考成果的通用性，施工图图纸的设计范围均不含站区场平土方、余土外运及施工水电部分，工程量清单和施工图预算编制口径保持一致。

4. 站内道路图纸要求：填方区范围内道路增加 500mm 厚砂石垫层，因填方区范围不确定，此预算不考虑此费用，仅在道路的清单项目特征里面做出说明。

5. 智能辅助控制系统包含火灾报警子系统、安全防护子系统、动环子系统、智能巡检子系统、智能锁控子系统等，现阶段按最新文件要求的设备尚无厂家成熟批量生产，工程量为参考相似工程，智能辅助控制系统按照施工单位配合安装考虑（依据《国网冀北电力有限公司关于加强基建工程招标工程量清单及控制价编制管理的意见》），其中保护管按照施工单位采购、施工考虑。

6. 接地部分：多股软铜芯电缆配套电缆鼻子，施工图设计深度未明，暂按照 10m 每根 2 个电缆鼻子考虑计列。

7. 甲乙供设备、材料的划分原则，参照"国家电网有限公司总部集中采购目录清单"及"国网冀北电力有限公司二级集中采购目录"中相关规定。

9.2　成果附录

本节展示 110kV A3-3 方案施工图预算编制、工程量清单编制部分成果，包括封面、编制说明、填表须知、变电站工程总预算表、建筑工程专业汇总预算表、安装工程专业汇总预算表、建筑分部分项工程量清单、安装分部分项工程量清单等，完整施工图预算、工程量清单见后附光盘。

9.2.1 施工图预算编制部分成果

110kV A3-3方案智能变电站模块化建设施工图通用设计 建安预算

预 算 书

施工图预算编制说明

1. 设计依据

1.1 初步设计资料及施工图阶段设计资料。

2. 工程造价控制情况分析

工程总投资：3687万元，其中，工程静态投资3636万元，单位造价：368.7元/kVA。

3. 工程概况

3.1 建设地址

冀北地区。

3.2 安装工程

3.2.1 主变压器为三相双绕组有载调压变压器，本期建设2×50MVA，远景规划3×50MVA。

3.2.2 110kV配电装置采用户内GIS组合电器，内桥接线，远景采用扩大内桥接线。本期建设110V电缆出线2回（远景电缆出线3回）。

3.2.3 10kV配电装置采用金属铠装中置式开关柜，单母线分段接线，远景采用单母线四分段接线。本期建设电缆出线24回（远景36回）。

3.2.4 每台主变压器10kV侧本期及远期配置2组无功补偿装置，按照（3.6Mvar＋4.8Mvar）电容器配置。

3.2.5 本期布置2组10kV接地变消弧线圈成套装置。

3.3 建筑工程

3.3.1 总平面布置：110kV配电装置楼位于中部，其北侧布置主变压器，主道路环绕110kV配电装置楼布置。变电站大门设在站区西侧。

3.3.2 配电装置楼为单层建筑、钢框架结构，采用现浇钢筋桁架楼承板屋面板，采用钢筋混凝土独立基础；水泵房及附属房间也采用钢框架结构，现浇钢筋桁架楼承板屋面板，钢筋混凝独立基础。窗选用隔热铝合金窗，外加防盗网；门选用防火门。

3.3.3 建筑物外墙采用纤维水泥板外墙板。内墙采用纤维水泥板内墙板。外窗全部采用断桥铝合金窗，一层窗外加铝合金防盗网。外门采用钢防火盗门及铝合金节能门。卫生间采用防滑瓷砖地面、蓄电池室采用耐酸瓷砖地面，二次设备室采用防静电地板，其他房间采用自流平地面。配电装置楼屋面防水等级Ⅰ级，设置刚柔两道设防的防水保温屋面。

3.3.4 变电站围墙内用地面积3524.00m²，总建筑面积912.22m²。

4. 编制依据

4.1 国家能源局《电网工程建设预算编制与计算规定（2018年版）》。

4.2　Q/GDW 11337—2014《输变电工程工程量清单计价规范》、Q/GDW 11338—2014《变电工程工程量清单计算规范》、施工图设计文件及勘察设计文件、工程招标文件。

4.3　国家能源局《电力建设工程预算定额（2018年版）　第一册　建筑工程（上册、下册）、第二册　电气设备安装工程、第五册　调试工程、第七册　通信工程》。

4.4　装置性材料采用中电联《电力建设工程装置性材料预算价格（2018年版）》、电网工程设备材料信息价2022年第二季度（总第40期）、地材价格按张家口市定额站发布2022年7月份信息价调整。

4.5　《电力工程造价与定额管理总站关于发布电力工程计价依据营业税改征增值税估价表的通知》（定额〔2016〕45号）。

4.6　《国网基建部关于印发输变电工程多维立体参考价（2022年版）的通知》（基建技经〔2022〕6号）。

4.7　《国家电网公司关于严格控制电网工程造价的通知》（国家电网基建〔2014〕85号）。

4.8　《国家电网公司关于印发加强输变电工程其他费用管理意见的通知》（国家电网基建〔2013〕1434号）。

4.9　《国家电网公司办公厅转发中电联关于落实〈国家发改委关于进一步放开建设项目专业服务价格的通知〉的指导意见的通知》（办基建〔2015〕100号）。

4.10　《电力工程造价与定额管理总站关于发布2018版电力建设工程概预算定额价格水平调整的通知》（定额〔2022〕1号）。

4.11　国家电网有限公司电力建设定额站标准GDGC-2021-01号《35~750kV输变电工程安装调试定额应用等2项指导意见（2021年版）》。

4.12　基本预备费根据国家能源局《电网工程建设预算编制与计算规定（2018年版）》规定，按1%计列。

4.13　国网冀北电力有限公司相关文件《国网冀北电力有限公司关于加强电网建设属地协调管理工作的意见》（冀北电建设〔2019〕358号）。

5．编制方法

5.1　工程取费按照110kV新建工程、Ⅲ类取费。

5.2　工程量计算依据图纸、设备材料清册和相关专业所提资料并结合有关规定标准计算统计。

5.3　建设期贷款利息：贷款比例按静态投资的80%计列，年利率（2022年8月发布调整）为4.37%。

5.4　规费费率按河北省张家口市计列：养老保险费费率16%；失业保险费费率0.7%；医疗保险费费率8.4%；生育保险费费率0；工伤保险费费率1.2%；住房公积金费率12%。

6．编制特殊说明

6.1　屋面卷材防水上翻部分高度图纸未说明，与设计沟通后按上翻250mm高度计算。

6.2　室外管道清单组价时考虑土方费用（依据《国网冀北电力有限公司关于加强基建工程招标工程量清单及控制价编制管理的意见》）。

6.3　考虑标准参考成果的通用性，施工图图纸的设计范围均不含站区场平土方、余土外运及施工水电部分，工程量清单和施工图预算编制口径保持一致。

6.4　站内道路图纸要求：填方区范围内道路增加500mm厚砂石垫层；因填方区范围不确定，此预算不考虑此费用，仅在道路的清单项目特征里面做出说明。

6.5　智能辅助控制系统包含：火灾报警子系统、安全防护子系统、动环子系统、智能巡检子系统、智能锁控子系统等，其中智能巡检子系统和智能锁控子系统为估算工程量，智能辅助控制系统按照施工单位配合厂家安装考虑（依据《国网冀北电力有限公司关于加强基建工程招标工程量清单及控制价编制管理的意见》），其中保护管按照施工单位采购、施工考虑。

6.6　接地部分：多股软铜芯电缆配套电缆鼻子，施工图设计深度未明，暂按10m每根2个电缆鼻子考虑计列。

6.7　甲乙供设备、材料的划分原则，参照"国家电网有限公司总部集中采购目录清单"及"国网冀北电力有限公司二级集中采购目录"相关规定。

表 9-1 变电站工程总预算表

工程名称：110kV A3-3方案智能变电站模块化建设施工图通用设计　　　　　　　　　　金额单位：万元

序　号	工程或费用名称	金　额	各项占静态投资比例 /%	单位投资 /(元/kVA)
一	建筑工程费	1022	28.11	102.2
1	主要生产工程	829	22.80	82.9
2	辅助生产工程	174	4.79	17.4
3	与站址有关的单项工程	19	0.52	1.9
二	安装工程费	565	15.54	56.5
1	主要生产工程	559	15.37	55.9
2	与站址有关的单项工程	6	0.17	0.6
三	设备购置费	1975	54.32	197.5
四	其他费用	38	1.05	3.8
五	基本预备费	36	0.99	3.6
六	特殊项目费用			
	工程静态投资	3636	100	363.6
七	动态费用	51		
1	价差预备费			
2	建设期贷款利息	51		
	项目建设总费用（动态投资）	3687		
	其中：生产期可抵扣的增值税	363		

表 9-2 建筑工程专业汇总预算表

工程名称：110kV A3-3方案智能变电站模块化建设施工图通用设计　　　　　　　　　　金额单位：元

序号	项目或费用名称	建筑工程							技术经济指标		
		建筑设备费	分部分项工程费	措施项目费（一）	措施项目费（二）	规费	税金	合计	单位	数量	指标
	建筑工程	423944	8247593	380831		345000	820001	10217369			
一	主要生产工程	381165	6665985	303091		274574	663872	8288688			
1	主要生产建筑	208817	4651829	198277		179622	452675	5691219			
1.1	配电装置室	208817	4651829	198277		179622	452675	5691219			
2	配电装置建筑		713565	39948		36190	71073	860776			
2.1	主变压器系统		327422	19571		17730	32825	397549	元/台		
2.2	避雷针塔		57354	2829		2563	5647	68393	元/座		
2.3	电缆沟道		222037	13066		11836	22224	269163	元/m		
2.4	栅栏及地坪		106752	4482		4061	10377	125671	元/m²		
3	供水系统建筑	172349	1159468	59254		53679	126459	1571209			
3.1	站区供水管道		18116	1077		976	1815	21985	元/m		

续表

| 序号 | 项目或费用名称 | 建筑工程 | | | | | | | 技术经济指标 | | |
		建筑设备费	分部分项工程费	措施项目费（一）	措施项目费（二）	规费	税金	合计	单位	数量	指标
3.2	综合水泵房	172349	674354	30333		27479	77838	982352	元/m²		
3.3	蓄水池		466998	27844		25224	46806	566872	元/座		
4	消防系统		141124	5612		5084	13664	165484			
4.3	站区消防管道		94439	5612		5084	9462	114597	元/m		
4.4	消防器材		46685				4202	50887			
二	辅助生产工程	42779	1422633	71561		64828	140762	1742563			
1	辅助生产建筑	37779	445356	17844		16165	43143	560286			
1.1	警卫室	37779	445356	17844		16165	43143	560286			
2	站区性建筑	5000	907654	50200		45477	90750	1099081	元/m²		
2.2	站区道路及广场		289066	14488		13124	28501	345180	元/m²		
2.3	站区排水	5000	213130	12107		10968	21708	262914			
2.4	围墙及大门		405458	23605		21384	40540	490988	元/m		
3	特殊构筑费		69623	3517		3186	6869	83196			
3.2	防洪排水沟		69623	3517		3186	6869	83196			
三	与站址有关的单项工程		158974	6179		5598	15368	186118			
1	地基处理		158974	6179		5598	15368	186118	元/m³		
	合计	423944	8247593	380831		345000	820001	10217369			

表 9－3　　　　　　　　　　　　安装工程专业汇总预算表

工程名称：110kV A3－3 方案智能变电站模块化建设施工图通用设计　　　　　　　金额单位：元

| 序号 | 项目或费用名称 | 设备购置费 | 分部分项工程费 | | 措施项目费（一） | 措施项目费（二） | 施工企业配合调试费 | 规费 | 税金 | 合计 | 技术经济指标 | | |
			小计	其中：装置性材料费							单位	数量	指标
	安装工程	19754718	3257862	1879188	372866	62550	23212	386058	363600	5651719			
一	主要生产工程	19754718	3257862	1879188	372866		23212	386058	363600	5589169			
1	主变压器系统	5152836	169589	264000	20227		1725	16220	18698	455897	元/kVA		
1.5	110kV 主变压器	5152836	169589	264000	20227		1725	16220	18698	455897			
2	配电装置	8367162	241802	27630	33304		2855	37039	28350	356047	元/kVA		
2.1	屋内配电装置	8367162	241802	27630	33304		2855	37039	28350	356047			
2.1.4	110kV 屋内配电装置	4504109	154680	13048	20877		1776	23540	18079	218951			
2.1.8	10kV 屋内配电装置	3863053	87122	14582	12428		1079	13499	10271	137096			
3	无功补偿	534113	35520		5058		455	5657	4202	50891			
3.3	低压电容器	534113	35520		5058		455	5657	4202	50891			

续表

序号	项目或费用名称	设备购置费	安 装 工 程								技术经济指标		
			分部分项工程费		措施项目费（一）	措施项目费（二）	施工企业配合调试费	规费	税金	合计	单位	数量	指标
			小计	其中：装置性材料费									
3.3.5	10kV 电容器	534113	35520		5058		455	5657	4202	50891	元/kVar		
4	控制及直流系统	4118529	459014	17166	67438		5391	80703	55129	667675	元/kVA		
4.1	计算机监控系统	1874128	215047		32148		2661	38094	25916	313866			
4.1.1	计算机监控系统	1740499	105798		17318		1218	22526	13217	160077			
4.1.2	智能设备	32929	100594		13683		1326	14405	11701	141708			
4.1.3	同步时钟	100700	8656		1147		116	1164	997	12081			
4.2	继电保护	169982	66274		10895		760	14229	8294	100453			
4.3	直流系统及不间断电源	261820	18849		2658		243	2937	2222	26909			
4.4	智能辅助控制系统	604200	139523	17166	18686		1498	21612	16319	197637			
4.5	在线监测系统	1208400	19320		3051		229	3831	2379	28810			
5	站用电系统	608832	121567	80115	8802		583	7357	12448	159784	元/kVA		
5.1	站用变压器	528272	18353		2659		232	3038	2185	26468			
5.2	站用配电装置	80560	3815		603		45	757	470	5690			
5.3	站区照明		99399	80115	5540		306	3561	9793	127626			
6	电缆及接地	82675	1441201	1455244	150235		11031	129231	155853	2818477			
6.1	全站电缆	82675	854646	1114164	108091		8235	84057	94953	2080908			
6.1.1	电力电缆	12829	350305	763775	49768		4744	19317	38172	1225593	元/m		
6.1.2	控制电缆	69846	156233	167639	25732		1841	26642	18940	397027	元/m		
6.1.3	电缆辅助设施		187365	107867	15654		804	16947	19869	240640			
6.1.4	电缆防火		160742	74882	16938		847	21152	17971	217649			
6.2	全站接地		586556	341080	42144		2796	45173	60900	737569	元/m		
7	通信及远动系统	890571	134026	35033	17150		1173	20637	15569	192037	元/kVA		
7.1	通信系统	618681	92453	35033	10387		692	11889	10388	129291			
7.2	远动及计费系统	271890	41573		6764		481	8747	5181	62746			
8	全站调试		655143		70652			89216	73351	888361	元/kVA		
8.1	分系统调试		146607		20914			31503	17912	216937			
8.2	整套启动调试		16975		2499			3823	2097	25393			
8.3	特殊调试		491561		47239			53890	53342	646032			
	措施项目					62550				62550			
	合计	19754718	3257862	1879188	372866	62550	23212	386058	363600	5651719			

9.2.2 工程量清单编制部分成果

110kV A3－3方案智能变电站
模块化建设施工图通用设计　　工程

招 标 工 程 量 清 单

招 标 人：＿＿＿＿＿＿＿＿＿＿　　　法定代表人
　　　　　（单位盖章）　　　　　或其授权人：＿＿＿＿＿＿＿＿＿＿
　　　　　　　　　　　　　　　　　　　　　（签字或盖章）

工程造价
咨 询 人：＿＿＿＿＿＿＿＿＿＿　　　法定代表人
　　　　（单位资质专用章）　　　　或其授权人：＿＿＿＿＿＿＿＿＿＿
　　　　　　　　　　　　　　　　　　　　　（签字或盖章）

编 制 人：＿＿＿＿＿＿＿＿＿＿　　　复 核 人：＿＿＿＿＿＿＿＿＿＿
　　　（签字、盖执业专用章）　　　　　　（签字、盖执业专用章）

编制时间：　　　　　　　　　　　　复核时间：

填 表 须 知

1 工程量清单应由具有编制招标文件能力的招标人、受其委托具有相应资质的电力工程造价咨询人或招标代理人进行编制。

2 招标人提供的工程量清单的任何内容不应删除或涂改。

3 工程量清单格式的填写应符合下列规定：

3.1 工程量清单中所有要求签字、盖章的地方，应由规定的单位和人员签字、盖章。

3.2 总说明应按下列内容填写：

3.2.1 工程概况应包括工程建设性质、本期容量、规划容量、电气主接线、配电装置、补偿装置、设计单位、建设地点、线路（电缆）亘长、回路数、起止塔（杆）号、设计气象条件、沿线地形比例、沿线地质条件、杆塔类型与数量、导线型号规格（电缆型号规格）、地形型号规格、光缆型号规格、电缆敷设方式等内容。

3.2.2 其他说明应按如下内容填写：

a) 工程招标和分包范围；

b) 工程量清单编制依据；

c) 工程质量、材料等要求；

d) 施工特殊要求；

e) 交通运输情况、健康环境保护和安全文明施工；

f) 其他需要说明的内容。

3.3 分部分项工程量清单、措施项目清单（二）按序号、项目编码、项目名称、项目特征、计量单位、工程量、备注等内容填写。

3.4 措施项目清单（一）按序号、项目名称等内容填写。

3.5 其他项目清单按序号、项目名称等内容填写。

3.6 规费、税金项目清单按序号、项目名称等内容填写。

3.7 投标人采购材料（设备）表按序号、材料（设备）名称、型号规格、计量单位、数量、单价等内容填写。

3.8 招标人采购材料（设备）表按序号、材料（设备）、型号规格、计量单位、数量、单价、交货地点及方式等内容填写。

4 如有需要说明其他事项可增加条款。

总　说　明

工程名称：110kV A3-3方案智能变电站模块化建设施工图通用设计

工程名称	110kV A3-3方案智能变电站模块化建设施工图通用设计	建设性质	新建
设计单位		建设地点	河北张家口

工程概况

1　安装工程

1.1　主变压器为三相双绕组有载调压变压器，本期建设2×50MVA，远景规划3×50MVA。

1.2　110kV配电装置采用户内GIS组合电器，内桥接线，远景采用扩大内桥接线。本期建设110V电缆出线2回（远景电缆出线3回）。

1.3　10kV配电装置采用金属铠装中置式开关柜，单母线分段接线，远景采用单母线四分段接线。本期建设电缆出线24回（远景36回）。

1.4　每台主变压器10kV侧本期及远期配置2组无功补偿装置，按照（3.6Mvar＋4.8Mvar）电容器配置。

1.5　本期布置2组10kV接地变消弧线圈成套装置。

2.建筑工程

2.1　总平面布置：110kV配电装置楼位于中部，其北侧布置主变压器，主道路环绕110kV配电装置楼布置。变电站大门设在站区西侧。

2.2　配电装置楼为单层建筑、钢框架结构，采用现浇钢筋桁架楼承板屋面板，采用钢筋混凝土独立基础；水泵房及附属房间也采用钢框架结构，现浇钢筋桁架楼承板屋面板，钢筋混凝土独立基础。窗选用隔热铝合金窗，外加防盗网；门选用防火门。

2.3　建筑物外墙采用纤维水泥板外墙板。内墙采用纤维水泥板内墙板。外窗全部采用断桥铝合金窗，一层窗外加铝合金防盗网。外门采用钢防火盗门及铝合金节能门。卫生间采用防滑瓷砖地面、蓄电池室采用耐酸瓷砖地面，二次设备室采用防静电地板，其他房间采用自流平地面。配电装置楼屋面防水等级Ⅰ级，设置刚柔两道设防的防水保温屋面。

2.4　变电站围墙内用地面积3524.00m²，总建筑面积912.22m²。

其他说明

1. 国家能源局《电网工程建设预算编制与计算规定（2018年版）》。

2. Q/GDW 11337—2014《输变电工程工程量清单计价规范》、Q/GDW 11338—2014《变电工程工程量清单计算规范》、施工图设计文件及勘察设计文件、工程招标文件。

3. 国家能源局《电力建设工程预算定额（2018年版）第一册　建筑工程（上册、下册）、第三册　电气设备安装工程、第五册　调试工程、第七册　通信工程》。

4. 装置性材料采用中电联《电力建设工程装置性材料预算价格》（2018年版）、电网工程设备材料信息价2022年第二季度（总第40期）、地材价格按张家口市定额站发布2022年7月份信息价。

5.《电力工程造价与定额管理总站关于发布电力工程计价依据营业税改征增值税估价表的通知》（定额〔2016〕45号）。

6.《国网基建部关于印发输变电工程多维立体参考价（2022年版）的通知》（基建技经〔2022〕6号）。

7.《国家电网公司关于严格控制电网工程造价的通知》（国家电网基建〔2014〕85号）。

8.《国家电网公司关于印发加强输变电工程其他费用管理意见的通知》（国家电网基建〔2013〕1434号）。

9.《国家电网公司办公厅转发中电联关于落实〈国家发改委关于进一步放开建设项目专业服务价格的通知〉的指导意见的通知》（办基建〔2015〕100号）。

10.《电力工程造价与定额管理总站关于发布2018版电力建设工程概预算定额2021年度价格水平调整的通知》（定额〔2022〕1号）。

11. 国家电网有限公司电力建设定额站标准GDGC-2021-01号《35～750kV输变电工程安装调试定额应用等2项指导意见（2021年版）》。

12. 国网冀北电力有限公司相关文件《国网冀北电力有限公司关于加强电网建设属地协调管理工作的意见》（冀北电建设〔2019〕358号）。

建筑分部分项工程量清单

工程名称：110kV A3－3方案智能变电站模块化建设施工图通用设计

序号	项目编码	项目名称	项目特征	计量单位	工程量	备注
		变电站建筑工程				
		一 主要生产工程				
		1 主要生产建筑				
		1.1 配电装置室				
	BT1404	1.1.1 110kV配电装置室				
	BT140401	1.1.1.1 一般土建				
1	BT1404A13001	挖坑槽土方	1. 土壤类别：普土 2. 挖土深度：4m以内 3. 回填：夯填普通土	m³	2151.19	
2	BT1404B12001	独立基础	1. 垫层种类、混凝土强度等级、厚度：素混凝土C15，100mm 2. 基础混凝土种类、混凝土强度等级：钢筋混凝土C30	m³	78.33	
3	BT1404B11001	条型基础	1. 垫层种类、混凝土强度等级、厚度：素混凝土C15，100mm 2. 圈梁混凝土等级：C30 3. 砌体种类、规格：MU10蒸压灰砂砖，M7.5混合砂浆砌筑	m³	162.67	
4	BT1404B11002	条型基础	基础混凝土种类、混凝土强度等级：混凝土C20	m³	5.54	
5	BT1404G13001	钢筋混凝土柱	1. 混凝土强度等级：C30 2. 结构形式：现浇	m³	22.73	
6	BT1404G21001	混凝土零星构件	1. 混凝土强度等级：C35 2. 结构形式：钢筋混凝土柱脚保护帽	m³	5.49	
7	BT1404G21002	混凝土零星构件	1. 混凝土强度等级：C35 2. 混凝土种类：细石混凝土二次灌浆	m³	1.39	
8	BT1404B20001	预埋化学螺栓	规格：M24	t	0.275	
9	BT1404H13001	钢柱	1. 品种：钢柱 2. 规格：综合 3. 备注：附柱地锚等	t	42.514	
10	BT1404H14001	钢梁	1. 品种：钢梁 2. 规格：综合	t	54.099	
11	BT1404H22001	钢结构防腐	1. 防腐要求：水性无机富锌底漆80μm；环氧云铁中间漆140μm；聚氨酯漆80μm 2. 除锈等级：Sa2.5	t	96.613	
12	BT1404H21001	钢结构防火	1. 防火要求：耐火极限1.5h 2. 涂料种类、涂刷遍数：防火涂料	t	42.514	
13	BT1404H21002	钢结构防火	1. 防火要求：耐火极限2.5h 2. 涂料种类、涂刷遍数：防火涂料	t	54.099	
14	BT1404H21003	钢结构防火	1. 部位：压型钢板底模 2. 防火要求：耐火极限1h 3. 涂料种类、涂刷遍数：防火涂料	t	2.785	
15	BT1404G18001	混凝土墙	1. 墙类型：女儿墙 2. 墙厚度：120mm 3. 混凝土强度等级：C30 4. 伸缩缝：沥青麻丝	m³	21.35	

序号	项目编码	项目名称	项 目 特 征	计量单位	工程量	备注
16	BT1404G19001	钢筋混凝土板	1. 混凝土强度等级：C30 2. 结构形式：现浇 3. 其他：钢筋桁架楼承板	m³	90.6	
17	BT1404H18001	其他钢结构	1. 品种、规格：钢爬梯及护笼 2. 防腐种类：镀锌	t	0.734	
18	(补) BT1404B002	雨棚	1. 雨棚做法：双层钢化夹层玻璃雨棚 2. 备注：含挑梁等支撑及埋件	m²	39.24	
19	BT1404F11001	门	1. 门类型：钢制乙级防火门	m²	62.16	
20	BT1404F12001	窗	1. 窗类型：断桥铝合金窗 2. 有无纱扇：不锈钢纱纱扇 3. 玻璃品种、厚度，五金特殊要求：中空玻璃 4. 窗套、窗台板材质及要求：人造石窗台 5. 有无防盗窗：一层窗加不锈钢防盗网	m²	23.4	
21	BT1404F12002	窗	1. 窗类型：消防救援窗 2. 玻璃品种、厚度，五金特殊要求：中空玻璃 3. 窗套、窗台板材质及要求：人造石窗台 4. 有无防盗窗：无防盗窗	m²	9	
22	BT1404F12003	窗	窗类型：铝合金百叶窗	m²	8.1	
23	BT1404E12001	金属墙板	1. 墙板材质、厚度：纤维水泥饰面板 26mm＋轻质条板 150mm＋纤维水泥饰面板 6mm 2. 备注：含墙体龙骨	m³	1049.12	
24	BT1404E15001	隔（断）墙	1. 隔板材料品种、规格、品牌、颜色：纤维水泥饰面板 6mm＋轻质条板 150mm＋纤维水泥饰面板 6mm 2. 备注：含龙骨	m²	290.66	
25	BT1404E18001	外墙面装饰	1. 面层材料品种、规格：外墙砖 2. 部位：勒脚	m²	60.66	
26	BT1404E24001	墙面保温	1. 保温类型及材质：岩棉保温层 50mm 2. 找平层材质、厚度、强度等级：1：3 水泥砂浆 8mm 3. 保护层：聚合物抗裂砂浆 5mm，耐碱网格布	m²	60.66	
27	BT1404C14001	台阶	1. 台阶材质、混凝土强度等级：混凝土 C25 2. 面层材质、厚度、标号、配合比：刹斧石防滑花岗岩 3. 垫层材质、厚度、强度等级：砾石灌 M2.5 混合砂浆 300mm	m²	30.75	
28	BT1404C15001	室外坡道、散水	1. 散水、坡道材质、厚度：C25 混凝土 150mm，面层 1：2 水泥砂浆锯齿形礓磋 30mm 2. 垫层材质、厚度、强度等级：砾石灌 M2.5 混合砂浆 300mm	m²	58.32	
29	BT1404C15002	室外坡道、散水	1. 散水、坡道材质、厚度：C25 混凝土 100mm，内参抗裂纤维 2. 找平层材质、厚度、强度等级：水泥砂浆 15mm M15 3. 垫层材质、厚度、强度等级：混凝土 150mm C20	m²	107.76	
30	BT1404C11001	地面整体面层	1. 面层材质、厚度、强度等级：环氧砂浆自流平 4～5mm 2. 垫层材质、厚度、强度等级：混凝土 40mm C25，表面打磨或喷砂处理 3. 找平层材质、厚度、强度等级：混凝土 80mm C20，内配 φ6@200mm 双向钢筋网 4. 基层材质、厚度、强度等级：砾石灌 M2.5 混合砂浆 150mm 5. 踢脚板材质：地砖	m²	319.76	

安装分部分项工程量清单

工程名称：110kV A3-3方案智能变电站模块化建设施工图通用设计

序号	项目编码	项目名称	项目特征	计量单位	工程量	备注
		变电站安装工程				
		一 主要生产工程				
		1 主变压器系统				
	BA1601	1.5 110kV主变压器				
1	BA1601A11001	变压器	1. 电压等级：110kV 2. 名称：三相双绕组有载调压变压器 3. 型号规格、容量：SZ11-50000/110 4. 安装方式：户外 5. 防腐要求：补漆 6. 其他：含设备连接线 JL/G1A-300/40 及金具等	台	2	
2	BA1601B27001	中性点接地成套设备	1. 电压等级：110kV 2. 型号规格：中性点成套装置 3. 安装方式：户外 4. 其他：含设备连接线 JL/G1A-300/40 及金具等	套	2	
3	BA1601C16001	带形母线	1. 电压等级：10kV 2. 单片母线型号规格：TMY-100×10 3. 每相片数：每相三片 4. 绝缘热缩材料类型、规格：绝缘热缩套 TMY-100×10mm²	m	40	
4	BA1601C12001	支柱绝缘子	1. 电压等级：20kV 2. 型号规格：ZSW-24/12.5 3. 安装方式：户外	个	36	
5	BA1601B18001	避雷器	1. 电压等级：20kV 2. 型号规格：HY5WZ-17/45 附放电计数器 3. 安装方式：户外 4. 其他：含设备连接线 TMY-30×4	组	2	
6	BA1601D25001	铁构件	1. 名称：镀锌槽钢、镀锌扁钢、镀锌钢板 2. 型号规格：综合	t	0.81	
		2 配电装置				
		2.1 屋内配电装置				
	BA2104	2.1.4 110kV屋内配电装置				
7	BA2104B12001	组合电器	1. 电压等级：110kV 2. 名称：SF₆气体绝缘全密封（GIS）电缆出线 3. 型号规格：GIS带断路器 4. 安装方式：户内	台	2	
8	BA2104B12002	组合电器	1. 电压等级：110kV 2. 名称：SF₆气体绝缘全密封（GIS）桥分段间隔 3. 型号规格：GIS带断路器 4. 安装方式：户内	台	1	
9	BA2104B12003	组合电器	1. 电压等级：110kV 2. 名称：SF₆气体绝缘全密封（GIS）主变进线（母设）间隔 3. 型号规格：GIS带断路器 4. 安装方式：户内	台	2	

序号	项目编码	项目名称	项目特征	计量单位	工程量	备注
10	BA2104B12004	组合电器	1. 电压等级：110kV 2. 名称：SF₆ 全封闭组合电器（GIS）主母线安装	m（三相）	4	
11	BA2104D25001	铁构件	1. 名称：镀锌槽钢、镀锌钢板 2. 型号规格：综合	t	2.17	
	BA2108	2.1.8　10kV屋内配电装置				
12	BA2108B26001	成套高压配电柜	1. 电压等级：10kV 2. 型号规格：真空断路器柜（进线开关柜）	台	3	
13	BA2108B26002	成套高压配电柜	1. 电压等级：10kV 2. 型号规格：其他电气柜（主变进线隔离开关柜）	台	2	
14	BA2108B26003	成套高压配电柜	1. 电压等级：10kV 2. 型号规格：真空断路器柜（分段开关柜）	台	1	
15	BA2108B26004	成套高压配电柜	1. 电压等级：10kV 2. 型号规格：其他电气柜（分段隔离开关柜）	台	2	
16	BA2108B26005	成套高压配电柜	1. 电压等级：10kV 2. 型号规格：真空断路器柜（馈线开关柜）	台	24	
17	BA2108B26006	成套高压配电柜	1. 电压等级：10kV 2. 型号规格：电压互感器避雷器柜（母线设备开关柜）	台	3	
18	BA2108B26007	成套高压配电柜	1. 电压等级：10kV 2. 型号规格：电容器柜（电容器开关柜）	台	4	
19	BA2108B26008	成套高压配电柜	1. 电压等级：10kV 2. 型号规格：站用变压器柜（接地变开关柜）	台	2	
20	BA2108C19001	共箱母线	1. 电压等级：10kV 2. 型号规格：AC 10kV　4000A 共相	m	20	
21	BA2108C13001	穿墙套管	1. 电压等级：20kV 2. 型号规格：CWW－24/4000 3. 安装方式：水平 4. 穿通板材质、结构：钢穿通板	个	6	
22	BA2108D25001	铁构件	1. 名称：镀锌角钢、镀锌圆钢 2. 型号规格：综合	t	0.087	
		3　无功补偿				
		3.3　低压电容器				
	BA3305	3.3.5　10kV 电容器				
23	BA3305B19001	电容器	1. 电压等级：10kV 2. 名称：框架式并联电容器组成套装置 3. 型号规格：TBB10－3600/200－AK（5%） 4. 安装方式：户内	组	2	
24	BA3305B19002	电容器	1. 电压等级：10kV 2. 名称：框架式并联电容器组成套装置 3. 型号规格：TBB10－4800/200－AK（12%） 4. 安装方式：户内	组	2	
25	BA3305D26001	保护网	1. 材质、规格：不锈钢 2. 其他：厂供	m²	42	

续表

序号	项目编码	项目名称	项目特征	计量单位	工程量	备注
		4 控制及直流系统				
		4.1 计算机监控系统				
	BA4101	4.1.1 计算机监控系统				
26	BA4101D13001	控制及保护盘台柜	1. 名称：监控主机柜 2. 型号规格：含监控主机兼一键顺控主机、智能变电站过程层光缆智能标签生成及解析系统、打印机	块	1	
27	BA4101D13002	控制及保护盘台柜	1. 名称：智能防误主机柜 2. 型号规格：含数据服务器、显示器、打印机	块	1	
28	BA4101D13003	控制及保护盘台柜	1. 名称：综合应用服务器柜 2. 型号规格：含综合应用服务器、显示器、打印机	块	1	
29	BA4101D13004	控制及保护盘台柜	1. 名称：Ⅰ区数据通信网关机柜 2. 型号规格：含通信网关机、规约转换器、交换机	块	1	
30	BA4101D13005	控制及保护盘台柜	1. 名称：Ⅱ、Ⅲ/Ⅳ区数据通信网关机柜 2. 型号规格：含Ⅱ区通信网关机、Ⅲ/Ⅳ区通信网关机、交换机、正反向隔离装置、硬件防火墙	块	1	